误差理论与测量平差基础

主　编　汤　璞　孙　群　陈本富
主　审　周航宇

U0343483

黄河水利出版社
·郑　州·

内容提要

本书是测绘工程专业教材，是根据高等院校测绘类专业设置要求及行业相关技术标准、规范等编制而成的。本书全面系统地介绍了误差理论知识与测量平差基础知识。本书共包括 9 章，具体内容有：绪论、误差分布与精度指标、误差传播定律、测量平差数学模型与最小二乘估计、参数平差、条件平差、附有限制条件的参数平差、附有参数的条件平差、误差椭圆等。

本书可作为应用型大学本科、专科测绘类，水利类专业的学生教学用书，也可供水利、测绘类专业工程技术人员参考使用。

图书在版编目（CIP）数据

误差理论与测量平差基础/汤璞，孙群，陈本富主编．—郑州：黄河水利出版社，2024.4

ISBN 978-7-5509-3860-1

Ⅰ.①误… Ⅱ.①汤… ②孙… ③陈… Ⅲ.①误差理论 ②测量平差 Ⅳ.①O241.1②P207

中国国家版本馆 CIP 数据核字（2024）第 074576 号

组稿编辑：陈俊克　电话：0371-66026749　E-mail：hhslcjk@126.com

责任编辑	冯俊娜	责任校对	郭　琼
封面设计	黄瑞宁	责任监制	常红昕
出版发行	黄河水利出版社		

地址：河南省郑州市顺河路 49 号　邮政编码：450003

网址：www.yrcp.com　E-mail：hhslcbs@126.com

发行部电话：0371-66020550

承印单位	河南新华印刷集团有限公司		
开　　本	787 mm×1 092 mm　1/16		
印　　张	8.25		
字　　数	186 千字		
版次印次	2024 年 4 月第 1 版	2024 年 4 月第 1 次印刷	
定　　价	28.00 元		

前 言

误差理论与测量平差基础是测绘工程本科专业的核心基础课程之一,课程中介绍的误差理论和主要平差方法是后续各专业课程中涉及测量数据处理的重要基础内容。为适应应用型本科院校的教学需求,本书编者根据教育部高等学校测绘学科指导委员会制定的教学大纲,在多年应用型本科院校教学经验的基础上,编写了本教材。

全书共分 9 章,重点介绍了误差分布与精度指标、误差传播定律、测量平差数学模型与最小二乘估计、参数平差、条件平差、附有限制条件的参数平差、附有参数的条件平差及误差椭圆等内容。鉴于本课程和概率论与数理统计、线性代数联系紧密,本书对正态随机向量及其数字特征、参数估计、矩阵求导等相关内容进行了必要补充和介绍。对测量平差数学模型和矩阵方程解算过程中涉及的公式均使用了矩阵代数的标准表示方式。根据应用型本科院校测绘工程专业的培养目标和要求,本书力求对相关概念及运算过程进行详尽推导和说明,以利于学习者对相关教学内容的理解,方便自学。

本书由南昌工程学院汤璞、孙群及东华理工大学陈本富共同主编,其中第一章至第三章由孙群编写,第四章至第六章由汤璞编写,第七章至第九章由陈本富编写。

本书完成后,由湘潭大学周航宇教授进行了认真细致的审稿,并提出了宝贵的修编建议。黄河水利出版社对本书的出版给予了大力支持,在此表示衷心的感谢!

由于编者水平有限,本书内容难免存在不足或不妥之处,敬请读者批评指正。

编 者

2023 年 9 月

目　录

第一章　绪　论 …………………………………………………………………（1）
第一节　观测误差及其分类 ………………………………………………………（1）
第二节　测量平差的任务和内容 …………………………………………………（2）
第二章　误差分布与精度指标 ……………………………………………………（4）
第一节　偶然误差的统计规律性 …………………………………………………（4）
第二节　正态分布及其数字特征 …………………………………………………（6）
第三节　衡量精度的指标 …………………………………………………………（9）
第三章　误差传播定律 …………………………………………………………（14）
第一节　协方差传播律 ……………………………………………………………（14）
第二节　协方差传播律在测量上的应用 …………………………………………（22）
第三节　权与定权的常用方法 ……………………………………………………（23）
第四节　协因数与协因数阵 ………………………………………………………（27）
第五节　协因数传播律 ……………………………………………………………（31）
第六节　由真误差计算中误差及其实际应用 ……………………………………（34）
第四章　测量平差数学模型与最小二乘估计 ……………………………………（38）
第一节　概　论 ……………………………………………………………………（38）
第二节　测量平差的数学模型 ……………………………………………………（41）
第三节　非线性模型的线性化 ……………………………………………………（50）
第四节　参数估计与最小二乘原理 ………………………………………………（53）
第五章　参数平差 ………………………………………………………………（56）
第一节　参数平差原理 ……………………………………………………………（56）
第二节　误差方程 …………………………………………………………………（61）
第三节　精度评定 …………………………………………………………………（71）
第四节　参数平差示例 ……………………………………………………………（75）
第五节　参数平差特例——一个量观测结果的平差 ……………………………（81）
第六章　条件平差 ………………………………………………………………（83）
第一节　条件平差原理 ……………………………………………………………（83）
第二节　精度评定 …………………………………………………………………（88）
第三节　条件平差公式汇编及示例 ………………………………………………（91）
第七章　附有限制条件的参数平差 ………………………………………………（95）
第一节　附有限制条件的参数平差原理 …………………………………………（95）
第二节　精度评定 …………………………………………………………………（97）
第三节　平差实例 …………………………………………………………………（100）

第八章 附有参数的条件平差 …………………………………………………… (104)
第一节 概 述 ………………………………………………………………… (104)
第二节 附有参数的条件平差原理 ……………………………………………… (105)
第三节 精度评定 ……………………………………………………………… (107)
第四节 平差实例 ……………………………………………………………… (110)
第五节 几种基本平方差方法的特点 …………………………………………… (112)
第九章 误差椭圆 ………………………………………………………………… (114)
第一节 概 述 ………………………………………………………………… (114)
第二节 点位误差 ……………………………………………………………… (115)
第三节 误差曲线与误差椭圆 …………………………………………………… (120)
第四节 相对误差椭圆 ………………………………………………………… (122)
参考文献 ………………………………………………………………………… (124)

第一章　绪　论

第一节　观测误差及其分类

测量是指用仪器或量具测定空间、时间、温度、速度、功能、地面的形状高低和零件的尺寸、角度等,测量获得的数据称为观测值。在数字测图原理课程中,已经学习过利用测绘仪器观测水平角、距离及高差的方法,客观上这些被观测量应具有各自的真值,但是在实践中通常只能在一定的观测条件下对这些量进行观测,得到其观测值。如果对一个量进行多次观测,各观测值往往也并不完全相同,这种观测值的不同正是由测量误差造成的。

一、误差定义及其来源

误差是观测值与真实值之间的差异,这种差异正是由于观测值受到观测条件的影响而产生的,即观测数据是普遍带有误差的。

测量误差产生的来源可归结为观测仪器、观测者和外界条件影响三个方面。

(1)测量仪器。观测过程中所使用的测量仪器在设计精度上的区别、制造和使用过程中相关轴系正确关系的不满足等,都将会给观测值带来误差影响。如测角仪器度盘刻画不均匀对角度测量的影响、自动安平水准仪补偿误差对高差测量的影响等。

(2)观测者。观测者感观能力的局限会使观测结果产生误差,如全站仪角度观测时不同观测者对目标的照准误差、仪器整平时气泡的居中判断误差等。当然,观测者观测时的工作态度和技术水平对观测质量也会有直接的影响。

(3)外界条件影响。观测时环境的影响或外界条件的变化也会使观测成果产生误差,如观测时大气温度、气压及风力、引力场或磁场的变化都可能对测量成果带来影响。

二、误差的分类

测量误差还可按性质分为系统误差、偶然误差和粗差三类。

(一)系统误差

在相同的观测条件下进行一系列观测,如果其误差在大小和符号上都表现出规律性,即在观测过程中保持为一个常数,或者按一定的规律变化,这种误差称为系统误差。如电磁波测距仪测距时加常数和乘常数对测距的影响,全站仪视准轴误差对水平方向值的影响,水准测量时水准仪 i 角误差对观测高差的影响等,均属于系统误差。

系统误差一般具有累积性,对成果质量的影响比较显著。在实际工作中,应该采用各种方法来消除或减弱其影响,达到实际上可以忽略不计的程度。消除或减弱系统误差的方法之一,是在测量工作中采用合理的观测规则。如水准测量中,通过限制前后视距差及视距累计差,减弱 i 角误差、地球曲率与大气垂直折光等因素对观测高差的影响。另一种方法是对可以计算出的系统误差,在观测成果中加以改正,如在钢尺量距中所进行的尺长改正等。

(二)偶然误差

在相同的观测条件下进行一系列观测,如果误差在大小和符号上都表现出随机性,即从单个误差看,误差的大小和符号在观测前不能确定,但就误差的总体而言,又具有一定的统计规律性,这种误差称为偶然误差,也称随机误差。

由于观测条件的限制,偶然误差在观测过程中是不可避免的。如观测时仪器不能严格照准目标,不同观测者估读厘米刻画的水准尺上的毫米数互不相同,钢尺量距时温度变化对观测结果产生的微小影响等都属于偶然误差。

通常在观测时产生的偶然误差是多种误差因素的综合影响,如果这些误差因素对观测值的影响都是均匀的,由概率论与数理统计可知,偶然误差将服从或近似服从于正态分布。

(三)粗差

粗差是在观测值中的明显孤值,这里所说的明显孤值需要根据数理统计理论确定一个限差范围,在限差范围以内的观测值认为没有粗差影响,在限差范围以外的观测值认为具有粗差影响,只能将其排除。引起粗差的原因很多,如测角时仪器安置位置不正确、水准测量时读错或记错读数、全站仪测距时加常数设置错误或没有进行乘常数项的改正等。粗差的存在严重影响测量成果的质量,故在测量工作中,必须采取适当的方法和措施,避免在观测成果中含有粗差。

粗差、系统误差和偶然误差在测量过程中是同时对观测结果产生影响的,测量平差基础研究的对象主要是偶然误差,即假定包含粗差的观测值已经被剔除;含有系统误差的观测值已得到了适当的改正,即在观测数据中已经排除了系统误差的影响,或观测数据中的系统误差与偶然误差相比,系统误差已经处于次要地位,对观测成果的影响实际上可以忽略不计。

第二节　测量平差的任务和内容

一、测量平差的任务

对一个几何量如角度、距离进行观测,如果仅观测一次,可以得到一个角度值、距离值。我们称能够确定一个几何模型的观测(数)为必要观测(数),但是由于测量误差不可避免,任何观测值都是带有误差的,所以在测量实践上,对一个几何量必须进行更多次数的观测,我们称多于必要观测的观测(数)为多余观测(数)。

进行多余观测的目的在于对观测值的精确性提供检核条件,同时根据参数估计理论对一系列观测值进行处理,求得被观测量的最可靠估计值。不难发现,由于误差影响,对一个量的多次观测结果具有一定的差异性,观测值产生差异是正常的,但显然这种差异不应过大。测量工作正是将多余观测作为检查观测质量、发现粗差、提高观测结果质量并进行精度评定的前提和基本方法。

对一个量进行多余观测将带来观测值之间的差异;对一个确定的几何模型进行多余观测将带来观测值之间不再满足数学定理的矛盾。比如,用全站仪对同一段距离进行多次观测,其中一次观测是必要观测,其他观测为多余观测,这些观测值通常互不相等;要确定一个三角形的形状(相似形),需观测 3 个内角,其中必要观测为任意两个内角,第三个内角为多余观测。事实上,第三个内角可以依据平面三角形内角和定理计算得出,但是由于观测带有误差,我们发现其计算值和观测值通常是不相等的,或者说该三角形 3 个内角观测值相加通常不等于 180°,即不能满足数学定理的要求。为了消除这种差异和矛盾,必须对观测值进行数理统计意义上的合理调整(改正)。比如,对多次距离观测值取平均值作为唯一采用的距离值,将三角形内角和闭合差按相反符号平均分配至每一个内角观测值,使调整以后的 3 个内角相加等于 180°。这种对观测值的调整称之为平差。即测量平差就是在多余观测的基础上,根据参数最优估计理论,依据一定的数学模型和平差准则,对观测结果进行合理的调整,从而求得唯一一组消除矛盾的最可靠结果,并评定精度。平差后求得的最可靠结果称为平差值。

二、本课程的主要内容

由测量平差的基本概念可知,测量平差的主要任务有两个,一是依最优估计方法求得待定量的最可靠估值;二是评定观测结果和平差结果的精度。本课程的主要任务是介绍测量平差中采用的最优估计方法——最小二乘法与测量平差的基本理论和基本方法,为以后的专业课学习及进一步深造打下坚实基础。本课程的主要内容如下:

(1)关于偶然误差的基本理论,包括偶然误差的特性、衡量精度的指标、误差传播定律及其应用。

(2)最小二乘原理和测量平差的基本数学模型。

(3)测量平差的基本方法,包括参数平差法、条件平差法、附有限制条件的参数平差法、附有参数的条件平差法。

(4)误差椭圆的基本知识。

第二章 误差分布与精度指标

受观测条件的限制,观测数据中不可避免地带有误差。系统误差对观测结果的影响一般具有累积的作用,且对观测质量的影响特别显著,故在实际工作中,应采用各种方法来消除或减弱系统误差,或者使它对测量成果的影响达到可以忽略不计的程度;还应进行多余观测,并依据数理统计理论,发现并剔除存在粗差的观测值。本课程假定观测值中已经排除了系统误差和粗差的影响,平差处理的对象仅为包含偶然误差的一系列观测值。

本章的主要内容包括偶然误差的统计规律性、正态分布及其数字特征、衡量精度的指标。

第一节 偶然误差的统计规律性

任何一个被观测量,客观上总存在着一个能代表其真正大小的数值,这一数值称为该量的真值。设以 $\widetilde{X}$ 表示一个量的真值, L 表示该量的一个观测值, Δ 表示观测误差,则有

$$\Delta = L - \widetilde{X} \tag{2-1}$$

如果观测值仅含偶然误差,则称 Δ 为真误差。多数情况下,被观测量的真值无法确定,从概率论和数理统计的观点来看,我们视观测值为随机变量,其数学期望 μ (理论平均值)为它的真值。

设 L_i 为相同观测条件下一个量的一系列观测值 $(i = 1,2,\cdots,n)$;由辛钦大数定律可知,若 L_i 的数学期望 μ 存在,则对任意小的正数 $\varepsilon>0$,有

$$\lim_{n\to\infty} P\left(\left| \frac{1}{n}\sum_{i=1}^{n} L_i - \mu \right| < \varepsilon \right) = 1 \tag{2-2}$$

即如果在相同条件下对一个随机变量进行无穷多次观测,则观测值算术平均值收敛于其数学期望。现实中当然不可能对一个量进行无穷多次观测,而只能在一定的观测条件下进行有限次数的观测,有限次观测值的平均值可以看作是对真值的估计。

在测量实践中,也有某些量的真值是可以确定的,这些真值通常由数学定理定义,如平面三角形内角和真值为 180°。

三角网是经典大地测量控制网的基本网形,网中基本图形为三角形,每个三角形观测 3 个内角 α_i、β_i、γ_i ,则三角形内角和闭合差为

$$\Delta_i = (\alpha_i + \beta_i + \gamma_i) - 180^\circ \quad (i = 1,2,\cdots,n)$$

假定各三角形内角观测值仅含偶然误差,则 Δ_i 也为偶然误差,因三角形内角和闭合差理论真值为 0,故三角形内角和闭合差具有真误差性质,一般通过研究 Δ_i 来观察偶然误差的统计规律。

在某测区,相同观测条件下独立地观测了 358 个三角形的全部内角。由于观测值带

有误差,故各三角形3个内角和通常不等于真值180°,其闭合差记为Δ_i,为了观察偶然误差的规律性,现将闭合差出现的范围分为等间隔区间,区间宽度取$d\Delta = 0.2''$,计算落在各区间内的误差数量v_i及误差出现在各区间的频率$f_i = v_i/n(n = 358)$,计算结果见表2-1。

表2-1　三角形闭合差统计

误差区间/(″)	$\Delta > 0$			$\Delta < 0$			说明
	v_i	f_i	$\frac{f_i}{d\Delta}$	v_i	f_i	$\frac{f_i}{d\Delta}$	
0~0.20	45	0.126	0.630	46	0.128	0.640	$d\Delta = 0.2''$
0.20~0.40	40	0.112	0.560	41	0.115	0.575	
0.40~0.60	33	0.092	0.460	33	0.092	0.460	
0.60~0.80	23	0.064	0.320	21	0.059	0.295	
0.80~1.00	17	0.047	0.235	16	0.045	0.225	
1.00~1.20	13	0.036	0.180	13	0.036	0.180	
1.20~1.40	6	0.017	0.085	5	0.014	0.070	
1.40~1.60	4	0.011	0.055	2	0.006	0.030	
1.60以上	0	0	0	0	0	0	
合计	181	0.505		177	0.495		

表2-1中还计算了$\frac{f_i}{d\Delta}$,现将其作为坐标纵轴,三角形闭合差Δ为横轴,作误差分布直方图,如图2-1所示,图中每一个矩形条的面积为误差出现在该区间的频率。

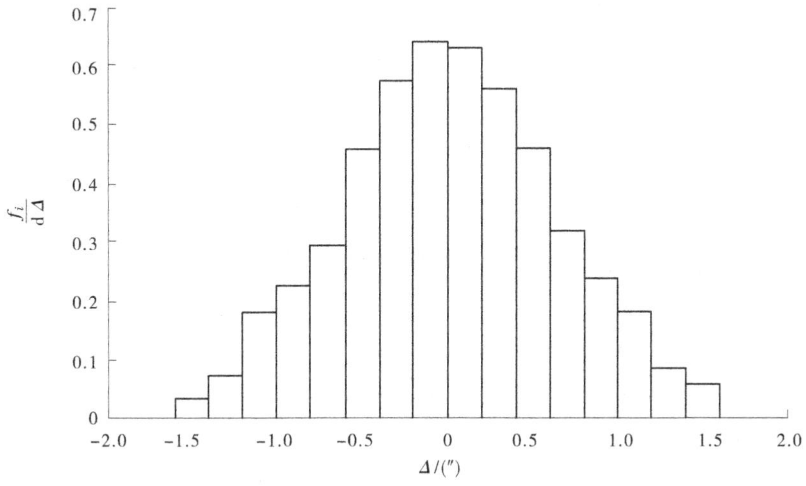

图2-1　误差分布直方图

从表 2-1 和图 2-1 中可以看出：

(1)误差的绝对值有一定的限值，超出 1.60″的误差个数为 0；

(2)绝对值较小的误差个数比绝对值较大的误差个数要多；

(3)绝对值相等的正负误差个数相近。

由伯努利大数定律可知，在相同观测条件下所得到的一组独立观测值的误差，如果误差的总数足够多，那么误差出现在各区间内的频率将以某一常数(理论频率)为其极限。如表 2-1 所示，在观测条件不变的情况下，如果观测更多的三角形，随着观测的个数越来越多，误差出现在各区间的频率将越来越趋近于某一数值。当观测次数 $n \to \infty$ 时，各频率也就稳定在一个确定的值，该值即为误差出现在各区间的概率。

在直方图中，设想误差个数无限增多、所取误差间隔无限缩小，则各矩形顶端宽度将缩为一点，将这些点连接为平滑曲线，即为图 2-2 中所示曲线。该曲线为偶然误差的概率密度曲线，这一曲线与正态分布概率密度函数曲线极为接近，所以一般认为偶然误差服从正态分布。

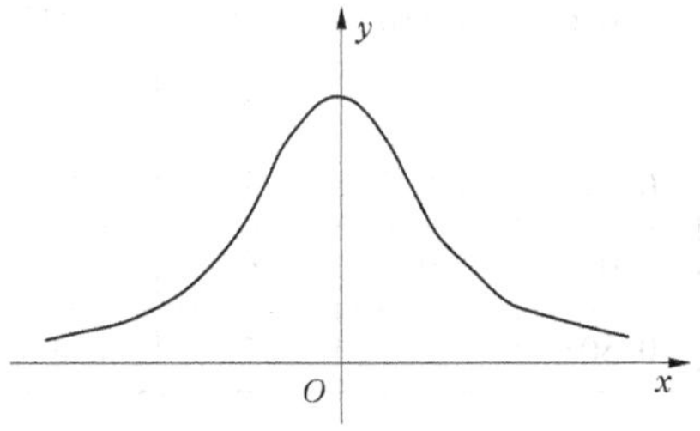

图 2-2 偶然误差的概率密度曲线

通过上述讨论，用概率的语言来描述偶然误差的特性：

(1)有界性。在一定的观测条件下，误差的绝对值有一定的限值。或者说超出一定限值的误差，其出现的概率为零。

(2)聚中性。绝对值较小的误差比绝对值较大的误差出现的概率大。

(3)对称性。绝对值相等的正负误差出现的概率相同。

(4)抵偿性。$E(\Delta) = 0$，即偶然误差的数学期望(理论平均值)为 0。该特性可由第三特性导出。

第二节 正态分布及其数字特征

在自然现象和社会现象中，大量随机变量服从或者近似服从正态分布，在误差理论的研究和实际应用中，正态分布是重要的理论分布。

本课程仅研究带有偶然误差的观测值，即式(2-1)中真误差为偶然误差，它将在其期望值 0 附近摆动，具有随机性，可被看作随机变量。根据本章第一节对偶然误差统计规律性的分析，偶然误差服从正态分布，即 $\Delta \sim N(0,\sigma^2)$ 。在概率论与数理统计的学习中，已经知道一维正态分布的概率密度函数为

$$f(x)=\frac{1}{\sqrt{2\pi}\sigma}e^{-\frac{(x-\mu)^2}{2\sigma^2}}\quad(-\infty<x<+\infty)\tag{2-3}$$

式中：$\mu=E(X)$，为数学期望；$\sigma^2=D(X)$，为方差。它们是一维正态分布的两个数字特征，对于服从一维正态分布的随机变量来说，掌握这两个数字特征即可知其概率分布函数。

由式(2-3)可知，偶然误差的概率密度函数为

$$f(\Delta)=\frac{1}{\sqrt{2\pi}\sigma}e^{-\frac{\Delta^2}{2\sigma^2}}\tag{2-4}$$

从概率论和数理统计的观点来看，可视观测值的数学期望 $E(L)$ 为它的真值，由式(2-1)可以看到，偶然误差 Δ 和带有偶然误差的观测值 L 仅相差一个常数真值 $\widetilde{X}$。

$$\Delta=L-\widetilde{X}=L-E(L)$$

所以，带有偶然误差的观测值也是服从于正态分布的随机变量，即 $L\sim N[E(L),\sigma^2]$，可以看到偶然误差和带有偶然误差的观测值具有相同的方差。

通常测量得到的是一系列的观测值，如测角三角网中每个三角形的内角、水准网中各水准路线的高差，均是一系列观测值。假设进行了 n 次观测，观测值序列记为列向量，它们的期望(真值)及真误差也记为列向量，形式如下：

$$\boldsymbol{L}=\begin{bmatrix}L_1\\L_2\\\vdots\\L_n\end{bmatrix},E(\boldsymbol{L})=\begin{bmatrix}E(L_1)\\E(L_2)\\\vdots\\E(L_n)\end{bmatrix}=\begin{bmatrix}\widetilde{L}_1\\\widetilde{L}_2\\\vdots\\\widetilde{L}_n\end{bmatrix},\boldsymbol{\Delta}=\begin{bmatrix}\Delta_1\\\Delta_2\\\vdots\\\Delta_n\end{bmatrix}\tag{2-5}$$

用矩阵表示为

$$\boldsymbol{\Delta}=\boldsymbol{L}-E(\boldsymbol{L})\tag{2-6}$$

式(2-6)中的真误差向量 $\boldsymbol{\Delta}$ 及观测值向量 $\boldsymbol{L}$ 为服从于正态分布的随机向量，下文从二维正态随机向量的联合概率密度函数出发，给出 n 维正态随机向量的联合概率密度函数及其数字特征矩阵的表达式。

根据概率论与数理统计，二维正态随机变量 (X_1,X_2) 的联合概率密度函数为

$$f(x_1,x_2)=\frac{1}{2\pi\sigma_1\sigma_2\sqrt{1-\rho^2}}e^{\left\{\frac{1}{-2(1-\rho^2)}\left[\frac{(x_1-\mu_1)^2}{\sigma_1^2}-2\rho\frac{(x_1-\mu_1)(x_2-\mu_2)}{\sigma_1\sigma_2}+\frac{(x_2-\mu_2)^2}{\sigma_2^2}\right]\right\}}\tag{2-7}$$

式中：$\mu_1=E(X_1)$；$\mu_2=E(X_2)$；${\sigma_1}^2=D(X_1)$；${\sigma_2}^2=D(X_2)$；$-1<\rho<1$。

若二维随机向量 (X_1,X_2) 有4个二阶中心矩，分别记为

$$\begin{cases} C_{11} = E\{[X_1 - E(X_1)]^2\} \\ C_{12} = E\{[X_1 - E(X_1)][X_2 - E(X_2)]\} \\ C_{21} = E\{[X_2 - E(X_2)][X_1 - E(X_1)]\} \\ C_{22} = E\{[X_2 - E(X_2)]^2\} \end{cases} \tag{2-8}$$

将它们排列为矩阵形式：

$$\boldsymbol{D}_{XX} = \begin{bmatrix} C_{11} & C_{12} \\ C_{21} & C_{22} \end{bmatrix} = \begin{bmatrix} \sigma_1^2 & \mathrm{Cov}(X_1, X_2) \\ \mathrm{Cov}(X_2, X_1) & \sigma_2^2 \end{bmatrix} = \begin{bmatrix} \sigma_1^2 & \sigma_{12} \\ \sigma_{21} & \sigma_2^2 \end{bmatrix} \tag{2-9}$$

式中：$\mathrm{Cov}(X_1,X_2) = E\{[X_1 - E(X_1)][X_2 - E(X_2)])\} = \sigma_{12} = \rho\sigma_1\sigma_2$，为 X_1 关于 X_2 的协方差；ρ 为 X_1 和 X_2 的相关系数；$\boldsymbol{D}_{XX}$ 为二维随机向量 (X_1,X_2) 的协方差矩阵，该矩阵为对称矩阵。

显然，由此定义的 $\boldsymbol{D}_{XX} = E\{[X - E(X)][X - E(X)]^{\mathrm{T}}\}$（请读者自证）。

协方差矩阵 $\boldsymbol{D}_{XX}$ 的行列式 $\det\boldsymbol{D}_{XX} = \sigma_1^2\sigma_2^2(1-\rho^2)$，其逆矩阵为

$$\boldsymbol{D}_{XX}{}^{-1} = \frac{1}{\det\boldsymbol{D}_{XX}} \begin{bmatrix} \sigma_1^2 & -\rho\sigma_1\sigma_2 \\ -\rho\sigma_2\sigma_1 & \sigma_2^2 \end{bmatrix} \tag{2-10}$$

令 $X = \begin{pmatrix} x_1 \\ x_2 \end{pmatrix}$，$\mu = \begin{pmatrix} \mu_1 \\ \mu_2 \end{pmatrix}$，则

$$\begin{aligned} (X-\mu)^{\mathrm{T}}\boldsymbol{D}_{XX}^{-1}(X-\mu) &= \frac{1}{\det\boldsymbol{D}_{XX}}(x_1-\mu_1, x_2-\mu_2)\begin{bmatrix} \sigma_1^2 & -\rho\sigma_1\sigma_2 \\ -\rho\sigma_2\sigma_1 & \sigma_2^2 \end{bmatrix}\begin{pmatrix} x_1-\mu_1 \\ x_2-\mu_2 \end{pmatrix} \\ &= \frac{1}{(1-\rho^2)}\left[\frac{(x_1-\mu_1)^2}{\sigma_1^2} - 2\rho\frac{(x_1-\mu_1)(x_2-\mu_2)}{\sigma_1\sigma_2} + \frac{(x_2-\mu_2)^2}{\sigma_2^2}\right] \end{aligned} \tag{2-11}$$

由此，式(2-7)还可表示为

$$f(x_1,x_2) = \frac{1}{(2\pi)^{2/2}(\det\boldsymbol{D}_{XX})^{1/2}}\mathrm{e}^{\left[-\frac{1}{2}(X-\mu)^{\mathrm{T}}\boldsymbol{D}_{XX}^{-1}(X-\mu)\right]} \tag{2-12}$$

其中，期望矩阵 $\boldsymbol{\mu}$ 和协方差矩阵 $\boldsymbol{D}_{XX}$ 为二维正态随机向量的数字特征矩阵。

式(2-12)容易推广到 n 维正态随机向量 $(X_1,X_2,\cdots,X_n)$ 的情况。

引入列矩阵：

$$\boldsymbol{X} = \begin{bmatrix} x_1 \\ x_2 \\ \vdots \\ x_n \end{bmatrix} \quad 和 \ \boldsymbol{\mu} = \begin{bmatrix} \mu_1 \\ \mu_2 \\ \vdots \\ \mu_n \end{bmatrix} = \begin{bmatrix} E(X_1) \\ E(X_2) \\ \vdots \\ E(X_n) \end{bmatrix}$$

n 维正态随机向量 $(X_1,X_2,\cdots,X_n)$ 的联合概率密度函数定义为

$$f(x_1,x_2,\cdots,x_n) = \frac{1}{(2\pi)^{n/2}(\det\boldsymbol{D}_{XX})^{1/2}}\mathrm{e}^{\left[-\frac{1}{2}(X-\mu)^{\mathrm{T}}\boldsymbol{D}_{XX}^{-1}(X-\mu)\right]} \tag{2-13}$$

其中，$\boldsymbol{D}_{XX}$ 为 $(X_1,X_2,\cdots,X_n)$ 的协方差矩阵，其定义式如下：

$$
\begin{aligned}
\boldsymbol{D}_{XX} &= E\{[X-E(X)][X-E(X)]^{\mathrm{T}}\} \\
&= E\left\{\begin{bmatrix} X_1-E(X_1) \\ X_2-E(X_2) \\ \vdots \\ X_n-E(X_n) \end{bmatrix}[X_1-E(X_1)X_2-E(X_2),\cdots,X_n-E(X_n)]\right\} \\
&= \begin{bmatrix} \sigma_{X_1}^2 & \sigma_{X_1X_2} & \cdots & \sigma_{X_1X_n} \\ \sigma_{X_2X_1} & \sigma_{X_2}^2 & \cdots & \sigma_{X_2X_n} \\ \vdots & \vdots & & \vdots \\ \sigma_{X_nX_1} & \sigma_{X_nX_2} & \cdots & \sigma_{X_n}^2 \end{bmatrix}_{n\times n}
\end{aligned}
$$

本书为表达方便,将 $\boldsymbol{D}_{XX}$ 简记为

$$
\boldsymbol{D}_{XX} = \begin{bmatrix} \sigma_1^2 & \sigma_{12} & \cdots & \sigma_{1n} \\ \sigma_{21} & \sigma_2^2 & \cdots & \sigma_{2n} \\ \vdots & \vdots & & \vdots \\ \sigma_{n1} & \sigma_{n2} & \cdots & \sigma_n^2 \end{bmatrix} \tag{2-14}
$$

在此需要强调,协方差矩阵 $\boldsymbol{D}_{XX}$ 为 n 维正态随机向量的数字特征矩阵,其对角线上的元素为随机向量各分量的方差,对角线以外的元素为各分量间的协方差。$\boldsymbol{D}_{XX}$ 也称为方差-协方差矩阵,在测量平差基础中有重要意义。

第三节　衡量精度的指标

由本章第二节三角网中三角形闭合差的分析可以看到,偶然误差是服从于正态分布的随机变量。实践中进行的每次观测都是对偶然误差总体的一次抽样,测量总是在一定的观测条件下进行的,观测值不可避免地受到偶然误差的影响,所以,通常每次抽样得到的观测值基本都不是相等的,而是有所差异,有的甚至相差较大。但是这些观测值是对同一总体(待观测量)的抽样,所以从数理统计角度看,它们具有相同的分布,即在一定条件下进行的一组观测,对应着一种确定的误差分布,而在不同的观测条件下进行的另一组观测,对应另一确定的误差分布。图 2-3 为不同观测条件下两组观测值真误差的误差分布曲线。

从图 2-3 中可以看出,因观测条件不同,两组观测值真误差误差分布曲线的扁平程度有所区别,第一组观测值真误差落在其数学期望值零附近某一固定区间上的概率(该区间内介于分布曲线和横轴之间的面积)要大于第二组观测值真误差落在相同区间上的概率。此时,称第一组观测值真误差分布在其真值附近的状态更为密集,而第二组真误差比第一组真误差密集程度要低;或称第一组真误差离散程度较小,第二组真误差离散程度较大。

精度是一组观测值误差分布的密集或离散程度。为了说明观测值精度,同时也为了比较观测值之间的精度高低,利用数理统计方法得出一个确定的数值并将其作为衡量精

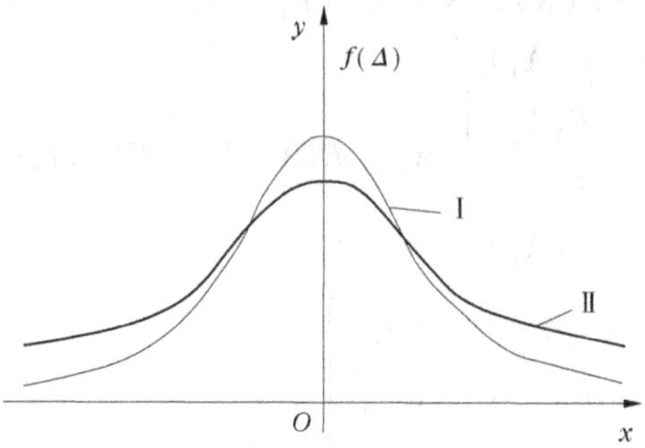

图 2-3　两组观测的误差分布曲线

度的指标。需要说明的是,该数值的计算过程需要一组观测值中的所有观测值参与计算。所以,在相同的观测条件下进行的一组观测,该组观测值精度都相同,称之为等精度观测值(序列),尽管这些观测值的真误差大多互不相等,有的真误差甚至相差很大(参考三角网中三角形闭合差)。

下文给出几种常用的精度指标。

一、方差和中误差

在概率论与数理统计中,随机变量 X 的两个重要数字特征,一个是其数学期望 $E(X)$,另一个是其方差 $D(X)$,方差的定义式为

$$D(X) = E\{[X - E(X)]^2\} \tag{2-15}$$

式(2-15)中的 $[X - E(X)]$ 正是随机变量与其均值 $E(X)$ 的偏离程度,因其值有正有负,为了计算方便和更好地区分微小误差,通常取其平方的数学期望来衡量随机变量 X 偏离其均值 $E(X)$ 的偏离程度。

偶然误差 Δ 服从正态分布,由式(2-15),其方差为

$$\sigma^2 = D(\Delta) = E(\Delta^2) = \int_{-\infty}^{+\infty} \Delta^2 f(\Delta)\mathrm{d}\Delta \tag{2-16}$$

方差的开方在测绘数据处理中称为中误差,即标准差。

$$\sigma = \sqrt{E(\Delta^2)} \tag{2-17}$$

式(2-4)为偶然误差的概率密度函数,图 2-2 为其概率密度函数曲线,因偶然误差的均值 μ_Δ 为 0,由概率论知, $\pm\sigma$ 的几何意义为该曲线拐点处的横坐标。σ 越小,曲线越陡峭,误差分布离散程度越小; σ 越大,曲线越扁平,离散程度越大。由于 σ 的大小恰好反映了一组观测值偶然误差偏离其真值的离散程度,故常用中误差 σ 作为衡量精度的重要指标。

由式(2-16)可得

$$\left.\begin{aligned}\sigma^2 &= D(\Delta) = E(\Delta^2) = \lim_{n\to\infty}\frac{[\Delta\Delta]}{n}\\ \sigma &= \lim_{n\to\infty}\sqrt{\frac{[\Delta\Delta]}{n}}\end{aligned}\right\} \tag{2-18}$$

由于实践上对一个量的测量只能取得有限次数的观测量，如对水平角，根据不同仪器和等级要求测量15个、12个、9个测回等，利用抽样得到的容量有限的子样观测值计算方差 σ^2 和中误差 σ 的估计值，记为 $\hat{\sigma}^2$ 和 $\hat{\sigma}$，如下：

$$\begin{cases} \hat{\sigma}^2 = \dfrac{[\Delta\Delta]}{n} \\ \hat{\sigma} = \pm\sqrt{\dfrac{[\Delta\Delta]}{n}} \end{cases} \tag{2-19}$$

式(2-19)即为根据一组等精度真误差计算中误差估值的基本公式。

需要注意的是：在一定的观测条件下，Δ 具有确定的概率分布，即方差 σ^2 和中误差 σ 均为定值。而由式(2-19)计算得到的估值 $\hat{\sigma}^2$ 和 $\hat{\sigma}$ 将随着试验次数 n 的多少及试验中观测值真误差的随机性发生变动，即方差、标准差的估值 $\hat{\sigma}^2$ 和 $\hat{\sigma}$ 仍是一个随机变量，且当 n 逐渐增大时，$\hat{\sigma}^2$ 和 $\hat{\sigma}$ 越来越接近于理论值 σ^2 和中误差 σ 。

【例2-1】 为了检定一台经纬仪的测角精度，现用该仪器对某一精确测定的水平角 $\beta = 85°24'37''$（设为无误差）做25次观测，根据观测结果，算得各次的观测误差 Δ_i 如表2-2所示。

表2-2　经纬仪真误差统计

序号	Δ_i/(″)	序号	Δ_i/(″)	序号	Δ_i/(″)	序号	Δ_i/(″)
1	+1.5	8	−0.3	15	+0.8	22	+1.2
2	+1.3	9	−0.5	16	−0.3	23	+0.6
3	+0.8	10	+0.6	17	−0.9	24	−0.3
4	−1.1	11	−2.0	18	−1.1	25	+0.8
5	+0.6	12	−0.7	19	−0.4		
6	+1.1	13	−0.8	20	−1.3		
7	+0.2	14	−1.2	21	−0.9		

试根据 Δ_i 计算测角精度 $\hat{\sigma}^2$ 和 $\hat{\sigma}$ 。

解：由 Δ_i 算得

$$[\Delta\Delta] = 22.61\ ('')^2$$

由式(2-19)计算该经纬仪测角精度，有

$$\hat{\sigma}^2 = \frac{[\Delta\Delta]}{n} = \frac{22.61}{25} \approx 0.90('')^2$$

$$\hat{\sigma} = \sqrt{\hat{\sigma}^2} = \sqrt{0.90} \approx 0.95('')$$

【例2-2】 在相同观测条件下，观测了某一测区的20个三角形的全部内角，并按公式 $\Delta_i = (\beta_1 + \beta_2 + \beta_3)_i - 180°$ 计算出了20个三角形的闭合差，如表2-3所示。

表 2-3　三角形闭合差统计

序号	$\Delta_i/('')$	序号	$\Delta_i/('')$	序号	$\Delta_i/('')$	序号	$\Delta_i/('')$
1	+1.8	6	−1.0	11	−0.8	16	+1.7
2	+0.6	7	+1.3	12	−1.1	17	−2.4
3	−2.0	8	+0.5	13	+2.5	18	+1.4
4	−1.3	9	−1.2	14	+2.0	19	+1.1
5	+1.2	10	−0.7	15	+1.3	20	+3.0

试根据 Δ_i 计算三个内角和的方差和标准差的估值 $\hat{\sigma}_\Sigma^2$ 和 $\hat{\sigma}_\Sigma$。

解：由式(2-19)可得

$$\hat{\sigma}_\Sigma^2 = \frac{[\Delta\Delta]}{n} = \frac{50.21}{20} \approx 2.51('')^2$$

$$\hat{\sigma}_\Sigma = \sqrt{\hat{\sigma}_\Sigma^2} = \sqrt{2.51} \approx 1.58('')$$

二、极限误差

由概率论与数理统计可知，若随机变量 $X \sim N(\mu,\sigma^2)$，则其标准化随机变量 $Z = \frac{X-\mu}{\sigma}$，若 $Z \sim N(0,1)$，根据标准正态分布表计算得

$$\begin{cases} P(\mu-\sigma < X < \mu+\sigma) = P\left(-1 < \frac{X-\mu}{\sigma} < 1\right) = \Phi(1) - \Phi(-1) = 68.26\% \\ P(\mu-2\sigma < X < \mu+2\sigma) = 95.44\% \\ P(\mu-3\sigma < X < \mu+3\sigma) = 99.74\% \end{cases} \tag{2-20}$$

因偶然误差 $\Delta \sim N(0,\sigma^2)$，则

$$\begin{cases} P(-\sigma < \Delta < +\sigma) = 68.26\% \\ P(-2\sigma < \Delta < +2\sigma) = 95.44\% \\ P(-3\sigma < \Delta < +3\sigma) = 99.74\% \end{cases} \tag{2-21}$$

由式(2-20)可知，尽管正态变量 X 的取值范围是$(-\infty,+\infty)$，但它的值落在区间$(\mu-3\sigma,\mu+3\sigma)$内的概率高达 99.74%，几乎是可以肯定的事，这就是所谓的“3σ”准则；相反地，X 落在区间$(\mu-3\sigma,\mu+3\sigma)$以外的概率很小，可以认为在一次观测中 X 落在区间$(\mu-3\sigma,\mu+3\sigma)$以外实际不可能发生，这就是所谓的“小概率事件在一次实验当中实际不可能发生”的原则，该原则是假设检验的理论基础。

由“小概率事件在一次实验当中实际不可能发生”，在测量的数据处理中，通常取 3 倍或 2 倍中误差作为极限误差，即

$$\Delta_{限} = 3\sigma \text{ 或 } \Delta_{限} = 2\sigma \tag{2-22}$$

带有在限差范围以内偶然误差的观测值，可以认为是合格的观测值；超出限差范围的观测值，可能不仅仅含有偶然误差，只能被认定为不合格的观测值。

三、相对中误差

相对中误差常用于衡量边长观测值的精度。这是因为边长观测值通常有一定差异，为了比较不同长度的边长精度，常采用相对误差来表征边长观测值的精度。定义相对中误差为中误差与相应观测值之比。可见，相对中误差是一个无量纲量。为方便比较，通常将分子化为1，分母化为近似整数。在此情况下，分母的数值越大，则边长观测值的精度越高。

【例2-3】　现有两条边，其长度观测值分别为 $S_1 = 600\ \mathrm{m}$、$S_2 = 300\ \mathrm{m}$，各观测值的中误差相同，即 $\sigma_1 = \sigma_2 = 30\ \mathrm{mm}$。试求两边长观测值的相对中误差并比较其精度高低。

解：按相对中误差定义：

$$\frac{\hat{\sigma}_1}{S_1} = \frac{30}{600\ 000} = \frac{1}{20\ 000}$$

$$\frac{\hat{\sigma}_2}{S_2} = \frac{30}{300\ 000} = \frac{1}{10\ 000}$$

可见，第一条边的观测精度高于第二条边的观测精度。

从例2-3可以看到，如果仅以中误差衡量观测值的精度，则两条边边长的观测精度相同，但因两段边长长度不同，明显与人们的直观感受不一致。用相对中误差衡量观测值的精度，弥补了仅用中误差衡量观测值精度指标的不足。

第三章　误差传播定律

在测量学里，测量的直接观测量有角度、距离和高差等，这些直接观测值将用于计算待定点点位坐标、边长及边的方位角、待定点高程等。例如，如图 3-1 所示支导线；A、B 点为已知平面控制点，α_{BA} 为已知方位角，欲求待定点 C 点坐标 (x_C,y_C)，观测了水平角 β 及距离 D_{AC}，有如下的计算过程：

$$\alpha_{AC}=\alpha_{BA}+\beta-180°$$

$$x_C=x_A+\Delta x_{AC}=x_A+D_{AC}\sin\alpha_{AC}$$

$$y_C=y_A+\Delta y_{AC}=y_A+D_{AC}\cos\alpha_{AC}$$

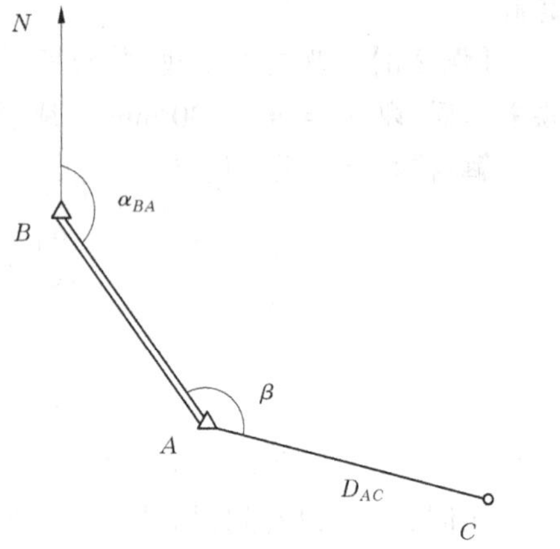

图 3-1　支导线

其中，仅含偶然误差的观测值 β 及 D_{AC} 具有一定的精度（中误差），相应的，这些直接观测值的函数如 α_{AC}、x_C、y_C 的精度也应与这些观测值有关。为了解决观测值函数中误差的计算问题，本章学习观测值的中误差通过怎样的传播规律传递到它们的函数上去，即协方差传播律。本章还将学习权、协因数、协因数阵与权阵的概念及协因数传播律，这些概念和传播规律在平差和精度估计计算中都有重要作用。

第一节　协方差传播律

一、一个观测值线性函数的误差传播

设有一个观测值的线性函数：

$$Z=k_1X_1+k_2X_2+\cdots+k_nX_n+k_0 \tag{3-1}$$

式中：$X_1,X_2,\cdots,X_n$ 为观测值；$k_1,k_2,\cdots,k_n$ 为观测值系数；k_0 为常数项。

式(3-1)为一个 n 元一次线性方程。在线性代数和矩阵论中，为了方便地应用矩阵运算解算线性方程组，通常将方程组表示为矩阵方程形式。因此，定义下列矩阵：

$$\underset{1n}{\boldsymbol{K}}=(k_1,k_2,\cdots,k_n)$$

$$\underset{n1}{\boldsymbol{X}}=(X_1,X_2,\cdots,X_n)^{\mathrm{T}}$$

$$\underset{11}{\boldsymbol{K}_0}=(k_0)$$

则式(3-1)可表示为矩阵方程：

$$\underset{11}{\boldsymbol{Z}}=\underset{1n}{\boldsymbol{K}}\underset{n1}{\boldsymbol{X}}+\underset{11}{\boldsymbol{K}_0}$$

为表达方便，本书推导过程中的矩阵表示可能略去矩阵阶数，一些列向量表示为行向量的转置，请读者注意判别。

因 $\boldsymbol{Z}$ 是随机向量 $\boldsymbol{X}$ 的线性函数，故 $\boldsymbol{Z}$ 也为随机变量，由随机向量方差-协方差矩阵的定义有

$$\begin{aligned}\boldsymbol{D}_{ZZ}&=E\{[\boldsymbol{Z}-E(\boldsymbol{Z})][\boldsymbol{Z}-E(\boldsymbol{Z})]^{\mathrm{T}}\}\\&=E\{[(\boldsymbol{KX}+\boldsymbol{K}_0)-E(\boldsymbol{KX}+\boldsymbol{K}_0)][(\boldsymbol{KX}+\boldsymbol{K}_0)-E(\boldsymbol{KX}+\boldsymbol{K}_0)]^{\mathrm{T}}\}\\&=\boldsymbol{K}E\{[\boldsymbol{X}-E(\boldsymbol{X})][\boldsymbol{X}-E(\boldsymbol{X})]^{\mathrm{T}}\}\boldsymbol{K}^{\mathrm{T}}\end{aligned}$$

注意到式(2-14)：

$$\boldsymbol{D}_{XX}=E\{[\boldsymbol{X}-E(\boldsymbol{X})][\boldsymbol{X}-E(\boldsymbol{X})]^{\mathrm{T}}\}=\begin{bmatrix}\sigma_1^2&\sigma_{12}&\cdots&\sigma_{1n}\\\sigma_{21}&\sigma_2^2&\cdots&\sigma_{2n}\\\vdots&\vdots&&\vdots\\\sigma_{n1}&\sigma_{n2}&\cdots&\sigma_n^2\end{bmatrix}$$

容易得到

$$\boldsymbol{D}_{ZZ}=\sigma_Z^2=\boldsymbol{K}\boldsymbol{D}_{XX}\boldsymbol{K}^{\mathrm{T}}\tag{3-2}$$

式(3-2)即为由观测值向量 $\boldsymbol{X}$ 的方差-协方差矩阵求一个观测值函数 $\boldsymbol{Z}$ 的方差(矩阵)的误差传播定律。显然，观测值向量 $\boldsymbol{X}$ 的系数矩阵 $\boldsymbol{K}$ 在误差传播过程中起重要作用。而在函数关系(方程)中的常量阵 $\boldsymbol{K}_0$ 在误差传播中不起作用，其原因在于 $\boldsymbol{K}_0$ 不是随机变量，为无误差常量。

式(3-2)的纯量形式为

$$\begin{aligned}\sigma_Z^2=&k_1^2\sigma_1^2+k_2^2\sigma_2^2+\cdots+k_n^2\sigma_n^2+2k_1k_2\sigma_{12}+2k_1k_3\sigma_{13}+\cdots+2k_1k_n\sigma_{1n}\\&+2k_2k_3\sigma_{23}+2k_2k_4\sigma_{24}+\cdots+2k_2k_n\sigma_{2n}+\cdots+2k_{n-1}k_n\sigma_{(n-1)n}\end{aligned}\tag{3-3}$$

若观测值向量中的各观测值分量相互独立，则因

$$\boldsymbol{D}_{XX}=\begin{bmatrix}\sigma_1^2&0&\cdots&0\\0&\sigma_2^2&\cdots&0\\\vdots&\vdots&&\vdots\\0&0&\cdots&\sigma_n^2\end{bmatrix}$$

易得

$$\sigma_Z^2=k_1^2\sigma_1^2+k_2^2\sigma_2^2+\cdots+k_n^2\sigma_n^2\tag{3-4}$$

式(3-4)即为独立观测值函数的方差传播律。

【例 3-1】 设三角形内角和闭合差 $\Delta=(L_1+L_2+L_3)-180°$，已知 L_1、L_2、L_3 为 3 个内角的等精度独立观测值，其测角中误差均为 $\sigma=2''$，试求 σ_Δ。

解： L_1、L_2、L_3 为等精度独立观测值，则观测值向量的方差-协方差矩阵为

$$\boldsymbol{D}_{LL}=\begin{bmatrix}\sigma^2&0&0\\0&\sigma^2&0\\0&0&\sigma^2\end{bmatrix}$$

将函数关系写为矩阵方程的形式，有

$$\boldsymbol{\Delta} = (1,1,1)\begin{pmatrix} L_1 \\ L_2 \\ L_3 \end{pmatrix} + (-180°) = \boldsymbol{KL} + \boldsymbol{K}_0$$

由误差传播律式(3-2)可得

$$\boldsymbol{D}_{\Delta\Delta} = \sigma_\Delta^2 = \boldsymbol{KD}_{LL}\boldsymbol{K}^{\mathrm{T}} = \sigma^2 + \sigma^2 + \sigma^2 = 3\sigma^2$$

也可由式(3-4)直接写出：

$$\sigma_\Delta^2 = k_1^2\sigma^2 + k_2^2\sigma^2 + k_3^2\sigma^2 = 1^2\sigma^2 + 1^2\sigma^2 + 1^2\sigma^2 = 3\sigma^2$$

$$\Rightarrow \sigma_\Delta = \sqrt{3}\sigma$$

二、多个观测值线性函数的方差阵和互协方差阵

若有 t 个观测值向量 $\boldsymbol{X}$ 的线性函数，可表达为一个 n 元一次方程组：

$$\begin{cases} Z_1 = k_{11}X_1 + k_{12}X_2 + k_{1n}X_n + \cdots + k_{10} \\ Z_2 = k_{21}X_1 + k_{22}X_2 + k_{2n}X_n + \cdots + k_{20} \\ \qquad\cdots \\ Z_t = k_{t1}X_1 + k_{t2}X_2 + k_{tn}X_n + \cdots + k_{t0} \end{cases} \tag{3-5}$$

令

$$\boldsymbol{Z} = \begin{bmatrix} Z_1 \\ Z_2 \\ \vdots \\ Z_t \end{bmatrix}_{t\times 1}, \boldsymbol{K} = \begin{bmatrix} k_{11} & k_{12} & \cdots & k_{1n} \\ k_{21} & k_{22} & \cdots & k_{2n} \\ \vdots & \vdots & & \vdots \\ k_{t1} & k_{t2} & \cdots & k_{tn} \end{bmatrix}_{t\times n}, \boldsymbol{K}_0 = \begin{bmatrix} k_{10} \\ k_{20} \\ \vdots \\ k_{t0} \end{bmatrix}_{t\times 1}$$

可将式(3-5)表示为矩阵方程形式：

$$\underset{t1}{\boldsymbol{Z}} = \underset{tn}{\boldsymbol{K}}\underset{n1}{\boldsymbol{X}} + \underset{t1}{\boldsymbol{K}_0} \tag{3-6}$$

由方差-协方差矩阵的定义式和矩阵数学期望的性质，容易得到

$$\begin{aligned} \boldsymbol{D}_{ZZ} &= E\{[\boldsymbol{Z} - E(\boldsymbol{Z})][\boldsymbol{Z} - E(\boldsymbol{Z})]^{\mathrm{T}}\} \\ &= E\{[(\boldsymbol{KX} + \boldsymbol{K}_0) - E(\boldsymbol{KX} + \boldsymbol{K}_0)][(\boldsymbol{KX} + \boldsymbol{K}_0) - E(\boldsymbol{KX} + \boldsymbol{K}_0)]^{\mathrm{T}}\} \\ &= \boldsymbol{K}E\{[\boldsymbol{X} - E(\boldsymbol{X})][\boldsymbol{X} - E(\boldsymbol{X})]^{\mathrm{T}}\}\boldsymbol{K}^{\mathrm{T}} \end{aligned}$$

故

$$\boldsymbol{D}_{ZZ} = \boldsymbol{KD}_{XX}\boldsymbol{K}^{\mathrm{T}} \tag{3-7}$$

式(3-7)为多个观测值线性函数的方差-协方差矩阵计算公式，形式上和式(3-2)完全一样，称此式为协方差传播律的一般形式。

又设另有 r 个观测值向量 $\boldsymbol{X}$ 的线性函数，同样可表达为一个 n 元一次方程组：

$$\begin{cases} Y_1 = f_{11}X_1 + f_{12}X_2 + f_{1n}X_n + \cdots + f_{10} \\ Y_2 = f_{21}X_1 + f_{22}X_2 + f_{2n}X_n + \cdots + f_{20} \\ \qquad\cdots \\ Y_r = f_{r1}X_1 + f_{r2}X_2 + f_{rn}X_n + \cdots + f_{r0} \end{cases} \tag{3-8}$$

令

$$\boldsymbol{Y}=\begin{bmatrix}Y_1\\Y_2\\\vdots\\Y_r\end{bmatrix}_{r\times1},\boldsymbol{F}=\begin{bmatrix}f_{11}&f_{12}&\cdots&f_{1n}\\f_{21}&f_{22}&\cdots&f_{2n}\\\vdots&\vdots&&\vdots\\f_{r1}&f_{r2}&\cdots&f_{rn}\end{bmatrix}_{r\times n},\boldsymbol{F}_0=\begin{bmatrix}f_{10}\\f_{20}\\\vdots\\f_{r0}\end{bmatrix}_{r\times1}$$

可将式(3-8)表示为矩阵方程形式：

$$\underset{r1}{\boldsymbol{Y}}=\underset{rn\,n1}{\boldsymbol{F}\boldsymbol{X}}+\underset{r1}{\boldsymbol{F}_0} \tag{3-9}$$

由方差-协方差矩阵的定义式和矩阵数学期望的性质，容易得到

$$\begin{aligned}\boldsymbol{D}_{YY}&=E\{[\boldsymbol{Y}-E(\boldsymbol{Y})][\boldsymbol{Y}-E(\boldsymbol{Y})]^{\mathrm{T}}\}\\&=E\{[(\boldsymbol{FX}+\boldsymbol{F}_0)-E(\boldsymbol{FX}+\boldsymbol{F}_0)][(\boldsymbol{FX}+\boldsymbol{F}_0)-E(\boldsymbol{FX}+\boldsymbol{F}_0)]^{\mathrm{T}}\}\\&=\boldsymbol{F}E\{[\boldsymbol{X}-E(\boldsymbol{X})][\boldsymbol{X}-E(\boldsymbol{X})]^{\mathrm{T}}\}\boldsymbol{F}^{\mathrm{T}}\end{aligned}$$

故 $\boldsymbol{Y}$ 的协方差阵为

$$\boldsymbol{D}_{YY}=\boldsymbol{F}\boldsymbol{D}_{XX}\boldsymbol{F}^{\mathrm{T}} \tag{3-10}$$

在式(3-2)协方差传播律的推导中，可以看到误差传播过程中观测值向量 $\boldsymbol{X}$ 的系数矩阵 $\boldsymbol{K}$ 是重要的，还可以看到常量阵 $\boldsymbol{K}_0$ 在误差传播中不起作用，原因在于常量阵无误差。

因 $\boldsymbol{Z}$、$\boldsymbol{Y}$ 均为观测值向量 $\boldsymbol{X}$ 的函数，根据互协方差阵的定义式：

$$\boldsymbol{D}_{ZY}=E\{[\boldsymbol{Z}-E(\boldsymbol{Z})][\boldsymbol{Y}-E(\boldsymbol{Y})]^{\mathrm{T}}\}$$

可得

$$\begin{aligned}\boldsymbol{D}_{ZY}&=E\{[(\boldsymbol{KX}+\boldsymbol{K}_0)-E(\boldsymbol{KX}+\boldsymbol{K}_0)][(\boldsymbol{FX}+\boldsymbol{F}_0)-E(\boldsymbol{FX}+\boldsymbol{F}_0)]^{\mathrm{T}}\}\\&=\boldsymbol{K}E\{[\boldsymbol{X}-E(\boldsymbol{X})][\boldsymbol{X}-E(\boldsymbol{X})]^{\mathrm{T}}\}\boldsymbol{F}^{\mathrm{T}}\end{aligned}$$

故

$$\boldsymbol{D}_{ZY}=\boldsymbol{K}\boldsymbol{D}_{XX}\boldsymbol{F}^{\mathrm{T}} \tag{3-11}$$

式(3-11)为由 $\boldsymbol{X}$ 的协方差阵求它的两组函数 $\boldsymbol{Z}$、$\boldsymbol{Y}$ 间互协方差阵的计算公式。

显然还有

$$\boldsymbol{D}_{YZ}=\boldsymbol{D}_{ZY}^{\mathrm{T}}=\boldsymbol{F}\boldsymbol{D}_{XX}\boldsymbol{K}^{\mathrm{T}}$$

【例 3-2】 一个三角形中，等精度独立观测了 3 个内角 L_1、L_2、L_3，中误差均为 σ，试求将三角形内角和闭合差 W 按反号平均分配后的各角平差值 $\hat{L}_1$、$\hat{L}_2$、$\hat{L}_3$ 的方差及协方差。

解：三角形内角和闭合差 $W=L_1+L_2+L_3-180°$，将其按反号平均分配给各观测值后，有

$$\hat{L}_1=L_1-\frac{1}{3}W=\frac{2}{3}L_1-\frac{1}{3}L_2-\frac{1}{3}L_3+60°$$

$$\hat{L}_2=L_2-\frac{1}{3}W=-\frac{1}{3}L_1+\frac{2}{3}L_2-\frac{1}{3}L_3+60°$$

$$\hat{L}_3=L_3-\frac{1}{3}W=-\frac{1}{3}L_1-\frac{1}{3}L_2+\frac{2}{3}L_3+60°$$

将以上函数关系表示为矩阵形式：

$$\begin{bmatrix}\hat{L}_1\\ \hat{L}_2\\ \hat{L}_3\end{bmatrix}=\begin{bmatrix}\frac{2}{3} & -\frac{1}{3} & -\frac{1}{3}\\ -\frac{1}{3} & \frac{2}{3} & -\frac{1}{3}\\ -\frac{1}{3} & -\frac{1}{3} & \frac{2}{3}\end{bmatrix}\begin{bmatrix}L_1\\ L_2\\ L_3\end{bmatrix}+\begin{bmatrix}60^\circ\\ 60^\circ\\ 60^\circ\end{bmatrix}$$

由题意知：

$$\boldsymbol{D}_{LL}=\begin{bmatrix}\sigma^2 & 0 & 0\\ 0 & \sigma^2 & 0\\ 0 & 0 & \sigma^2\end{bmatrix}$$

由协方差传播律式(3-2)，有

$$\boldsymbol{D}_{\hat{L}\hat{L}}=\begin{bmatrix}\frac{2}{3} & -\frac{1}{3} & -\frac{1}{3}\\ -\frac{1}{3} & \frac{2}{3} & -\frac{1}{3}\\ -\frac{1}{3} & -\frac{1}{3} & \frac{2}{3}\end{bmatrix}\begin{bmatrix}\sigma^2 & 0 & 0\\ 0 & \sigma^2 & 0\\ 0 & 0 & \sigma^2\end{bmatrix}\begin{bmatrix}\frac{2}{3} & -\frac{1}{3} & -\frac{1}{3}\\ -\frac{1}{3} & \frac{2}{3} & -\frac{1}{3}\\ -\frac{1}{3} & -\frac{1}{3} & \frac{2}{3}\end{bmatrix}$$

$$=\begin{bmatrix}\frac{2}{3}\sigma^2 & -\frac{1}{3}\sigma^2 & -\frac{1}{3}\sigma^2\\ -\frac{1}{3}\sigma^2 & \frac{2}{3}\sigma^2 & -\frac{1}{3}\sigma^2\\ -\frac{1}{3}\sigma^2 & -\frac{1}{3}\sigma^2 & \frac{2}{3}\sigma^2\end{bmatrix}$$

上式中，对角线上的元素即为平差值 $\hat{L}_1$、$\hat{L}_2$、$\hat{L}_3$ 的方差，对角线以外的元素为 $\hat{L}_1$、$\hat{L}_2$、$\hat{L}_3$ 间的互协方差。可以看到，平差值 $\hat{L}_1$、$\hat{L}_2$、$\hat{L}_3$ 的方差均为 $\frac{2}{3}\sigma^2$，说明按反号平均分配闭合差后平差值的精度提高了，即平差值将是比观测值真值更为可靠的估计，这是进行测量平差的重要原因。平差值 $\hat{L}_1$、$\hat{L}_2$、$\hat{L}_3$ 的互协方差均为 $-\frac{1}{3}\sigma^2$，为负线性相关关系，即假设一个角度平差值增大，另一个角度平差值将会相应减小。

该问题也可以由各平差值与观测值的函数关系（方程）求解，直接由协方差传播律求得各平差值的方差和平差值间的互协方差，如由方程：

$$\hat{L}_1=L_1-\frac{1}{3}W=\frac{2}{3}L_1-\frac{1}{3}L_2-\frac{1}{3}L_3+60^\circ$$

$$\hat{L}_2=L_2-\frac{1}{3}W=-\frac{1}{3}L_1+\frac{2}{3}L_2-\frac{1}{3}L_3+60^\circ$$

即可求得

$$D_{\hat{L}_1\hat{L}_1}=\sigma_{\hat{L}_1}^2=\begin{bmatrix}\frac{2}{3}, & -\frac{1}{3}, & -\frac{1}{3}\end{bmatrix}\begin{bmatrix}\sigma^2 & 0 & 0\\0 & \sigma^2 & 0\\0 & 0 & \sigma^2\end{bmatrix}\begin{bmatrix}\frac{2}{3}\\-\frac{1}{3}\\-\frac{1}{3}\end{bmatrix}=\frac{2}{3}\sigma^2$$

$$D_{\hat{L}_2\hat{L}_2}=\begin{bmatrix}-\frac{1}{3}, & \frac{2}{3}, & -\frac{1}{3}\end{bmatrix}\begin{bmatrix}\sigma^2 & 0 & 0\\0 & \sigma^2 & 0\\0 & 0 & \sigma^2\end{bmatrix}\begin{bmatrix}-\frac{1}{3}\\\frac{2}{3}\\-\frac{1}{3}\end{bmatrix}=-\frac{1}{3}\sigma^2$$

【例 3-3】 设有关于列向量 $\boldsymbol{X}$、$\boldsymbol{Y}$ 的函数向量 $\boldsymbol{Z}$、$\boldsymbol{W}$ 分别为 $\boldsymbol{Z}=\boldsymbol{K}_1\boldsymbol{X}+\boldsymbol{K}_2\boldsymbol{Y}$，$\boldsymbol{W}=\boldsymbol{F}\boldsymbol{X}$。已知 $\boldsymbol{D}_{\begin{bmatrix}X\\Y\end{bmatrix}}=\begin{bmatrix}\boldsymbol{D}_{XX} & \boldsymbol{D}_{XY}\\\boldsymbol{D}_{YX} & \boldsymbol{D}_{YY}\end{bmatrix}$，试求 $\boldsymbol{D}_{ZZ}$、$\boldsymbol{D}_{WW}$ 及 $\boldsymbol{D}_{ZW}$。

解：由题意可知：

$$\begin{bmatrix}\boldsymbol{Z}\\\boldsymbol{W}\end{bmatrix}=\begin{bmatrix}\boldsymbol{K}_1 & \boldsymbol{K}_2\\\boldsymbol{F} & 0\end{bmatrix}\begin{bmatrix}\boldsymbol{X}\\\boldsymbol{Y}\end{bmatrix}$$

由协方差传播律可得

$$\begin{aligned}\boldsymbol{D}_{\begin{bmatrix}Z\\W\end{bmatrix}}&=\begin{bmatrix}\boldsymbol{D}_{ZZ} & \boldsymbol{D}_{ZW}\\\boldsymbol{D}_{WZ} & \boldsymbol{D}_{WW}\end{bmatrix}\\&=\begin{bmatrix}\boldsymbol{K}_1 & \boldsymbol{K}_2\\\boldsymbol{F} & 0\end{bmatrix}\boldsymbol{D}_{\begin{bmatrix}X\\Y\end{bmatrix}}\begin{bmatrix}\boldsymbol{K}_1 & \boldsymbol{K}_2\\\boldsymbol{F} & 0\end{bmatrix}^{\mathrm{T}}\\&=\begin{bmatrix}\boldsymbol{K}_1 & \boldsymbol{K}_2\\\boldsymbol{F} & 0\end{bmatrix}\begin{bmatrix}\boldsymbol{D}_{XX} & \boldsymbol{D}_{XY}\\\boldsymbol{D}_{YX} & \boldsymbol{D}_{YY}\end{bmatrix}\begin{bmatrix}\boldsymbol{K}_1^{\mathrm{T}} & \boldsymbol{F}^{\mathrm{T}}\\\boldsymbol{K}_2^{\mathrm{T}} & 0\end{bmatrix}\\&=\begin{bmatrix}\boldsymbol{K}_1\boldsymbol{D}_{XX}\boldsymbol{K}_1^{\mathrm{T}}+\boldsymbol{K}_2\boldsymbol{D}_{YX}\boldsymbol{K}_1^{\mathrm{T}}+\boldsymbol{K}_1\boldsymbol{D}_{XY}\boldsymbol{K}_2^{\mathrm{T}}+\boldsymbol{K}_2\boldsymbol{D}_{YY}\boldsymbol{K}_2^{\mathrm{T}} & \boldsymbol{K}_1\boldsymbol{D}_{XX}\boldsymbol{F}^{\mathrm{T}}+\boldsymbol{K}_2\boldsymbol{D}_{YX}\boldsymbol{F}^{\mathrm{T}}\\\boldsymbol{F}\boldsymbol{D}_{XX}\boldsymbol{K}_1^{\mathrm{T}}+\boldsymbol{F}\boldsymbol{D}_{XY}\boldsymbol{K}_2^{\mathrm{T}} & \boldsymbol{F}\boldsymbol{D}_{XX}\boldsymbol{F}^{\mathrm{T}}\end{bmatrix}\end{aligned}$$

故

$$\begin{aligned}\boldsymbol{D}_{ZZ}&=\boldsymbol{K}_1\boldsymbol{D}_{XX}\boldsymbol{K}_1^{\mathrm{T}}+\boldsymbol{K}_2\boldsymbol{D}_{YX}\boldsymbol{K}_1^{\mathrm{T}}+\boldsymbol{K}_1\boldsymbol{D}_{XY}\boldsymbol{K}_2^{\mathrm{T}}+\boldsymbol{K}_2\boldsymbol{D}_{YY}\boldsymbol{K}_2^{\mathrm{T}}\\\boldsymbol{D}_{WW}&=\boldsymbol{F}\boldsymbol{D}_{XX}\boldsymbol{F}^{\mathrm{T}}\\\boldsymbol{D}_{ZW}&=\boldsymbol{K}_1\boldsymbol{D}_{XX}\boldsymbol{F}^{\mathrm{T}}+\boldsymbol{K}_2\boldsymbol{D}_{YX}\boldsymbol{F}^{\mathrm{T}}\end{aligned}$$

三、观测值非线性函数的误差传播

如果观测值函数为线性函数形式，其为简单的 n 元一次线性方程组，可以表示为矩阵方程。但是在测量的实际问题中，还有大量非线性的函数形式，如指数函数、幂函数、对数函数、三角函数及随机变量相乘相除等。对于非线性的函数形式，无法将其表示为矩阵方程。如平面坐标系中 A、B 两点间的坐标增量公式为

$$\Delta X_{AB} = D_{AB}\sin\alpha_{AB}$$
$$\Delta Y_{AB} = D_{AB}\cos\alpha_{AB}$$

显然上式不能表达为关于观测值 D_{AB}、α_{AB} 的矩阵方程，无法用误差传播定律求得向量 $[\Delta X_{AB}, \Delta Y_{AB}]^{\mathrm{T}}$ 的协方差阵。

对于观测值向量的非线性函数，需要利用泰勒级数将非线性函数展开，并在展开式中舍去非线性项，得到一个近似的观测值向量线性函数关系，以便应用误差传播定律求观测值函数的协方差阵。

一般地，设有观测值向量 $\underset{n1}{\boldsymbol{X}}$ 的非线性函数：

$$Z = f(X_1, X_2, \cdots, X_n) \tag{3-12}$$

在高等数学中已经学习了一元函数的泰勒级数展开，与一元函数的泰勒展开类似，如果 $Z = f(X_1, X_2, \cdots, X_n)$ 在点 $(X_1^0, X_2^0, \cdots, X_n^0)$ 处有定义，且在 $(X_1^0, X_2^0, \cdots, X_n^0)$ 的邻域内 n 阶可导，则可将式(3-12)在点 $(X_1^0, X_2^0, \cdots, X_n^0)$ 处展开为泰勒级数：

$$\begin{aligned} Z = & f(X_1^0, X_2^0, \cdots, X_n^0) + \left(\frac{\partial Z}{\partial X_1}\right)_0 (X_1 - X_1^0) \\ & + \left(\frac{\partial Z}{\partial X_2}\right)_0 (X_2 - X_2^0) + \cdots + \left(\frac{\partial Z}{\partial X_n}\right)_0 (X_n - X_n^0) + (\text{二次以上项}) \end{aligned} \tag{3-13}$$

式(3-13)等式右端中，$(X_i - X_i^0)$ 的二次以上项(平方以上项)为非线性项。如果保留常数项和一次项，舍去二次以上非线性项，则等式将化为线性函数形式(多元一次方程)。利用泰勒级数进行线性化时，舍去二次以上项会产生精度损失，事实上，如果近似值 X_i^0 和 X_i 非常接近，如测量问题中仅含有偶然误差的观测值和观测值的真值是非常接近的，那么 $(X_i - X_i^0)$ 的二次以上项将为相对微小量，因此可以舍去。

非线性函数线性化以后的形式为

$$\begin{aligned} Z &= f(X_1^0, X_2^0, \cdots, X_n^0) + \left(\frac{\partial Z}{\partial X_1}\right)_0 (X_1 - X_1^0) + \left(\frac{\partial Z}{\partial X_2}\right)_0 (X_2 - X_2^0) + \cdots + \left(\frac{\partial Z}{\partial X_n}\right)_0 (X_n - X_n^0) \\ &= f(X_1^0, X_2^0, \cdots, X_n^0) + \left(\frac{\partial Z}{\partial X_1}\right)_0 X_1 + \left(\frac{\partial Z}{\partial X_2}\right)_0 X_2 + \cdots + \left(\frac{\partial Z}{\partial X_n}\right)_0 X_n - \sum_{i=1}^{n} \left(\frac{\partial Z}{\partial X_i}\right)_0 X_i^0 \\ &= \left(\frac{\partial Z}{\partial X_1}\right)_0 X_1 + \left(\frac{\partial Z}{\partial X_2}\right)_0 X_2 + \cdots + \left(\frac{\partial Z}{\partial X_n}\right)_0 X_n + \left[f(X_1^0, X_2^0, \cdots, X_n^0) - \sum_{i=1}^{n} \left(\frac{\partial Z}{\partial X_i}\right)_0 X_i^0 \right] \end{aligned} \tag{3-14}$$

式中：$\left(\frac{\partial Z}{\partial X_i}\right)_0$ 为函数对各变量一阶偏导数在点 $(X_1^0, X_2^0, \cdots, X_n^0)$ 处的偏导数值。

令

$$\boldsymbol{K} = [k_1, k_2, \cdots, k_n] = \left[\left(\frac{\partial Z}{\partial X_1}\right)_0, \left(\frac{\partial Z}{\partial X_2}\right)_0, \cdots, \left(\frac{\partial Z}{\partial X_n}\right)_0 \right]$$

$$\boldsymbol{K}^0 = \left[f(X_1^0, X_2^0, \cdots, X_n^0) - \sum_{i=1}^{n} \left(\frac{\partial Z}{\partial X_i}\right)_0 X_i^0 \right] = k^0 \tag{3-15}$$

则式(3-15)可记为矩阵方程：

$$Z = k_1 X_1 + k_2 X_2 + \cdots + k_n X_n + k^0 = \boldsymbol{K}\boldsymbol{X} + \boldsymbol{K}^0 \tag{3-16}$$

由此,将非线性的函数式化为线性函数式。由协方差传播律式(3-2),可求得

$$\boldsymbol{D}_{ZZ}=\sigma_Z^2=\boldsymbol{K}\boldsymbol{D}_{XX}\boldsymbol{K}^{\mathrm{T}} \tag{3-17}$$

在式(3-2)的协方差传播律中,在误差传播中起作用的仅为系数矩阵 $\boldsymbol{K}$,还可以由对函数 Z 取全微分得到系数矩阵 $\boldsymbol{K}$。在点 $(X_1^0,X_2^0,\cdots,X_n^0)$ 处 Z 的全微分为

$$\mathrm{d}Z=\left(\frac{\partial Z}{\partial X_1}\right)_0\mathrm{d}X_1+\left(\frac{\partial Z}{\partial X_2}\right)_0\mathrm{d}X_2+\cdots+\left(\frac{\partial Z}{\partial X_n}\right)_0\mathrm{d}X_n=\boldsymbol{K}\mathrm{d}X \tag{3-18}$$

由式(3-18)也可得到系数矩阵 $\boldsymbol{K}$,然后按式(3-17)计算 D_{ZZ} 即可。

需要说明的是,在非线性函数线性化的过程中,要求近似值 X_i^0 和 X_i 的真值非常接近。在测量的实际问题中,通常选取观测值或观测值的函数作为观测值平差值或观测值函数平差值的近似值。

【例 3-4】 已知独立观测值 L_1、L_2 及其中误差 σ_1、σ_2,试求函数 $Y=\frac{1}{2}L_1^2+L_1L_2$ 的中误差。

解:对非线性函数 Y 求全微分,进行线性化:

$$\begin{aligned}\mathrm{d}Y&=L_1\mathrm{d}L_1+L_2\mathrm{d}L_1+L_1\mathrm{d}L_2\\&=(L_1+L_2)\mathrm{d}L_1+L_1\mathrm{d}L_2\end{aligned}$$

由协方差传播律,可得

$$\begin{aligned}\sigma_Y^2&=(L_1+L_2,L_1)\begin{pmatrix}\sigma_1^2&0\\0&\sigma_2^2\end{pmatrix}\begin{pmatrix}L_1+L_2\\L_1\end{pmatrix}\\&=(L_1+L_2)^2\sigma_1^2+{L_1}^2\sigma_2^2\\\Rightarrow\sigma_Y&=\sqrt{(L_1+L_2)^2\sigma_1^2+{L_1}^2\sigma_2^2}\end{aligned}$$

【例 3-5】 量得一矩形场地长度为 $a=(156.34\pm0.10)\,\mathrm{m}$,宽度 $b=(85.27\pm0.05)\,\mathrm{m}$,试求该场地面积 F 及其中误差 σ_F。

解:矩形面积 $F=ab=156.34\times85.27\approx13\,331.11(\mathrm{m}^2)$

对 F 进行全微分,得

$$\mathrm{d}F=b\mathrm{d}a+a\mathrm{d}b$$

由协方差传播律得

$$\begin{aligned}\sigma_F^2&=(b,a)\begin{pmatrix}\sigma_a^2&0\\0&\sigma_b^2\end{pmatrix}\begin{pmatrix}b\\a\end{pmatrix}\\&=b^2\times\sigma_a^2+a^2\times\sigma_b^2\\&=85.27^2\times0.10^2+156.34^2\times0.05^2=133.82\\\Rightarrow\sigma_F&=\sqrt{\sigma_F^2}\approx11.57(\mathrm{m}^2)\end{aligned}$$

【例 3-6】 已知边长 S、坐标方位角 α 的观测值分别为 $S=200\ \mathrm{m}$、$\alpha=150°$,设各观测值的中误差分别为 $\sigma_S=5\ \mathrm{mm}$、$\sigma_\alpha=5''$,试求坐标增量 $\Delta X=S\cos\alpha$ 和 $\Delta Y=S\sin\alpha$ 的中误差。

解:以 $\Delta X=S\cos\alpha$ 为例,先对其求全微分进行线性化,根据等式两边单位,有

$$\mathrm{d}\Delta X=\cos\alpha \mathrm{d}S-S\sin\alpha\frac{\mathrm{d}\alpha}{\rho''}=\begin{bmatrix}\cos\alpha, & -\dfrac{S\sin\alpha}{\rho''}\end{bmatrix}\begin{bmatrix}\mathrm{d}S\\ \mathrm{d}\alpha\end{bmatrix}$$

由协方差传播律得

$$\begin{aligned}\sigma_{\Delta X}^2&=(\cos\alpha)^2\sigma_S^2+\left(\frac{S\sin\alpha}{\rho''}\right)^2\sigma_\alpha^2\\&=\cos^2 150^\circ\times 5^2+\left(\frac{200\ 000\sin 150^\circ}{206\ 265}\right)^2\times 5^2\\&\approx 24.63(\mathrm{mm}^2)\\&\Rightarrow\sigma_{\Delta X}=\sqrt{24.63}\approx 5.0(\mathrm{mm})\end{aligned}$$

同理,可求得 $\sigma_{\Delta Y}=4.9\ \mathrm{mm}$。

第二节　协方差传播律在测量上的应用

一、水准测量的精度

水准网中,为了求得待定点的高程,测量各点间水准路线的高差。设在 A、B 两水准点间进行水准测量,经过 N 个测站,每站观测高差为 h_i,则路线观测高差 h_{AB} 为

$$h_{AB}=h_1+h_2+\cdots+h_N=\sum_{i=1}^{N}h_i \tag{3-19}$$

设每个测站观测高差独立等精度,观测中误差均为 $\sigma_{站}$,由协方差传播律式(3-2)可得

$$\sigma_{h_{AB}}^2=\sigma_{站}^2+\sigma_{站}^2+\cdots+\sigma_{站}^2=N\sigma_{站}^2$$

则观测高差 h_{AB} 的中误差为

$$\sigma_{h_{AB}}=\sqrt{N}\sigma_{站} \tag{3-20}$$

式(3-20)表明,当各测站观测高差精度相同时,水准测量观测高差的精度与测站数开方成正比。

若水准路线布设于地势平坦地区,各测站距离 s 大致相等,设 A、B 两点间路线长为 S,则测站数 $N=\dfrac{S}{s}$,代入式(3-20),得

$$\sigma_{h_{AB}}=\sqrt{\frac{S}{s}}\sigma_{站} \tag{3-21}$$

若令式(3-21)中 $S=1\ \mathrm{km}$,$\dfrac{1\ \mathrm{km}}{s}$ 可理解为 1 km 水准路线的测站数,则单位千米的观测高差中误差 σ_{km} 可写为

$$\sigma_{\mathrm{km}}=\sqrt{\frac{1}{s}}\sigma_{站} \tag{3-22}$$

$$\Rightarrow\sigma_{h_{AB}}=\sqrt{S}\sigma_{\mathrm{km}} \tag{3-23}$$

式(3-22)表明,当各测站距离大致相当时,水准测量观测高差的精度与路线长度的开方成正比。

二、等精度独立观测值的算术平均值的精度

设对某量以等精度独立观测 N 次,得观测值 $L_1,L_2,\cdots,L_N$,各观测值的中误差均为 σ ,则观测值的算术平均值 x 为

$$x = \frac{[L]}{N} = \frac{1}{N}L_1 + \frac{1}{N}L_2 + \cdots + \frac{1}{N}L_N \tag{3-24}$$

由协方差传播律可得算术平均值 x 的方差 σ_x^2 为

$$\sigma_x^2 = \frac{1}{N^2}\sigma^2 + \frac{1}{N^2}\sigma^2 + \cdots + \frac{1}{N^2}\sigma^2 = \frac{\sigma^2}{N}$$

$$\Rightarrow \sigma_x = \frac{\sigma}{\sqrt{N}} \tag{3-25}$$

即 N 个等精度独立观测值的算术平均值的中误差,相对于各观测值的精度来讲提高了 $\sqrt{N}$ 倍。在测绘仪器的设计中,利用多个观测值取平均值是提高仪器测量精度的重要方式。

三、若干独立误差的联合影响

测量工作中观测误差是普遍存在的,误差来源通常较多,一个观测值的误差往往是众多独立误差的联合影响。例如,在水平角观测中,会受到仪器对中误差、目标偏心误差、照准误差、估读误差等多种独立因素影响,此时观测值的真误差可看作是各独立误差的代数和,即

$$\Delta_Z = \Delta_1 + \Delta_2 + \cdots + \Delta_n \tag{3-26}$$

由于式(3-26)右端的真误差是相互独立的偶然误差,由协方差传播律容易得到

$$\sigma_Z^2 = \sigma_1^2 + \sigma_2^2 + \cdots + \sigma_n^2 \tag{3-27}$$

即观测结果的方差等于各独立误差方差之和。

第三节　权与定权的常用方法

如图 3-2 所示的水准网,为了求得 P 点高程,由 A、B、C 三个已知水准点出发测量了三段观测高差 h_1、h_2、h_3,对应路线长度为 s_1、s_2、s_3,若各路线长度均不相等,则由本章第二节水准测量的精度知, h_1、h_2、h_3 为不等精度观测值。如果它们都参与 P 点高程的平差计算,显然在计算过程中,人们希望精度高的观测值对 P 点高程平差值计算的影响程度更大一些,精度低的观测值对平差值计算的影响程度相对小一些。为了在平差过程中区别对待不同精度的观测值,给出一个衡量观测值之间相对精度的指标——权。

一、权的定义

方差是衡量观测值精度的绝对指标。在平差过程中,精度高(方差小)的观测值应当

起到更重要的作用，不同精度的观测值具有不同的方差，则方差的比值可以代表一种精度比例关系。为了表示各观测值方差间的比例关系，首先给出权的定义。

设有一组观测值 $L_i(i=1,2,\cdots,n)$，它们对应的方差分别为 $\sigma_i^2(i=1,2,\cdots,n)$，如选定一任意非零常数 σ_0，令

$$p_i=\frac{\sigma_0^2}{\sigma_i^2} \tag{3-28}$$

称 p_i 为观测值 L_i 的权。

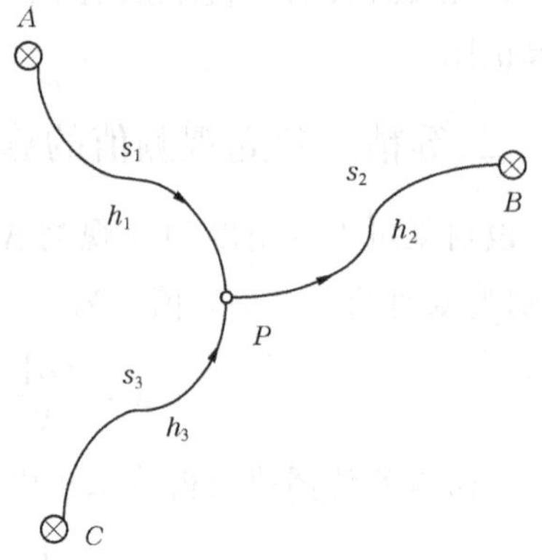

图 3-2　水准网

由权的定义式可写出各观测值之间的权比关系为

$$p_1:p_2:\cdots:p_n=\frac{\sigma_0^2}{\sigma_1^2}:\frac{\sigma_0^2}{\sigma_2^2}:\cdots:\frac{\sigma_0^2}{\sigma_n^2}=\frac{1}{\sigma_1^2}:\frac{1}{\sigma_2^2}:\cdots:\frac{1}{\sigma_n^2} \tag{3-29}$$

式(3-29)表明，对于一组观测值，各观测值的权比等于对应方差的倒数之比，观测值方差越小，精度愈高，则其权愈大；反之，方差愈大、精度愈低的观测值的权愈小。权的重要意义就是利用权的比例关系在平差过程中区别对待一组不同精度的观测值。需要说明的是，权比是平差过程中一种衡量观测值之间相对精度的比例关系，这种比例关系是一组观测值内各观测值之间精度的比例关系，在平差过程中脱离观测值间的权比关系而讨论单个观测值的权是没有意义的。

二、单位权中误差

权的定义中[见式(3-28)]，常数 σ_0 可以任意选定，一个平差问题在选定了一个 σ_0 后，各观测值的权也就随之确定了，进而可由式(3-29)确定各观测值之间的权比，且权比与 σ_0 无关。但在一个平差问题中，σ_0 只能选定一个常数值，不能再选用其他的数值，否则权比关系将不再稳定。

平差问题在选定了 σ_0 后，如果一个观测值的中误差 $\sigma_i=\sigma_0$，那么该观测值的权为 1，称权为 1 的观测值为单位权观测值，此时 σ_0 为单位权观测值的中误差，简称单位权中误差。

在测量的实际问题中，平差前观测值的中误差往往是未知的，但是观测值的权和观测值之间的权比关系可以根据给定条件予以确定，然后在平差后再根据平差结果估算观测值或观测值函数的方差，这就是平差中的精度估计问题，其内容将在后面各基本平差方法的精度估计中详细介绍。

三、测量问题中确定权的常用方法

在实际工作中，往往可以根据给定条件，事先确定观测值的权和权比，然后进行平差计算。

（一）水准测量的权

如图 3-2 所示的水准网中，有 n（本例中 $n=3$）条水准路线，观测高差为 $h_1, h_2, \cdots, h_n$，各路线的测站数分别为 $N_1, N_2, \cdots, N_n$。

设每一测站观测高差的精度相同，中误差均为 $\sigma_{站}$，则由式（3-20）可知，各观测高差的方差为

$$\sigma_i^2 = N_i \sigma_{站}^2 \quad (i = 1,2,\cdots,n) \tag{3-30}$$

以 p_i 代表观测高差 h_i 的权，选定单位权中误差为

$$\sigma_0 = \sqrt{C}\sigma_{站} \tag{3-31}$$

将式（3-30）及式（3-31）代入式（3-28）中可得各观测高差的权为

$$p_i = \frac{C}{N_i} \quad (i = 1,2,\cdots,n) \tag{3-32}$$

各观测值的权比为

$$p_1 : p_2 : \cdots : p_n = \frac{C}{N_1} : \frac{C}{N_2} : \cdots : \frac{C}{N_n} = \frac{1}{N_1} : \frac{1}{N_2} : \cdots : \frac{1}{N_n} \tag{3-33}$$

即各测站观测高差精度相同时，各路线观测高差的权与对应测站数成反比。

式（3-32）中，若令 $p_i = 1$，有

$$N_i = C \tag{3-34}$$

若令 $N_i = 1$，有

$$p_i = C \tag{3-35}$$

可见，C 可以有两个含义：①C 是单位权观测高差对应的测站数；②C 是一个测站观测高差的权。

【例 3-7】 设在如图 3-3 所示的水准网中，每测站观测高差的精度相同，已知 4 条水准路线的观测高差为 h_1、h_2、h_3、h_4，对应的测站数分别为 20 个、30 个、40 个、50 个。试确定各路线所测高差的权。

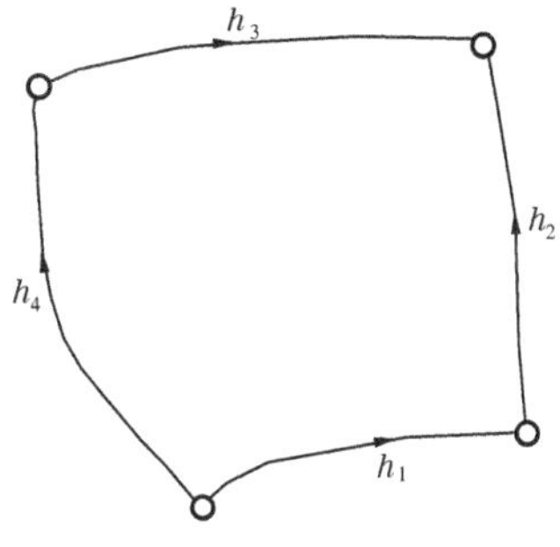

图 3-3　水准网

解：设 $C = 60$，即取 60 个测站的观测高差为单位权观测值，由式（3-32）得

$$p_1 = \frac{60}{20} = 3, p_2 = \frac{60}{30} = 2, p_3 = \frac{60}{40} = 1.5, p_4 = \frac{60}{50} = 1.2$$

若设 $C = 120$，即取 120 个测站的观测高差为单位权观测值，可得

$$p_1 = \frac{120}{20} = 6, p_2 = \frac{120}{30} = 4, p_3 = \frac{120}{40} = 3, p_4 = \frac{120}{50} = 2.4$$

从例 3-7 中可以看出，C 值选定不同，各观测高差的权不同，但观测值间的权比关系

是固定不变的。事实上，在平差计算中，权比关系是重要的因素。

在水准测量中，如果已知每千米的观测高差的中误差相同，设为 σ_{km}，又已知各观测路线的长度为 $S_1,S_2,\cdots,S_n$，则由式(3-23)知各路线观测高差的中误差为

$$\sigma_i^2 = S_i\sigma_{\mathrm{km}}^2 \tag{3-36}$$

令

$$\sigma_0^2 = C\sigma_{\mathrm{km}}^2 \tag{3-37}$$

则

$$p_i = \frac{C}{S_i} \quad (i = 1,2,\cdots,n) \tag{3-38}$$

有关系式

$$p_1 : p_2 : \cdots : p_n = \frac{C}{S_1} : \frac{C}{S_2} : \cdots : \frac{C}{S_n} = \frac{1}{S_1} : \frac{1}{S_2} : \cdots : \frac{1}{S_n} \tag{3-39}$$

即每千米观测高差精度相同时，各路线观测高差的权与对应路线长度成反比。

与按测站定权原理相仿，可推知 C 有两个含义：① C 是单位千米测高差的权；② C 是单位权观测高差的路线长度。

【例 3-8】 设在例 3-7 所示的水准网中，每千米观测高差的精度相同，已知各段观测高差对应路线长度分别为 3 km、6 km、2 km、1.5 km。

(1) 试确定各路线所测高差的权。

(2) 若已知第 4 条路线观测高差的权为 2，试求其他各路线观测高差的权。

解：(1) 按式(3-38)，取 $C = 6$，即 6 km 长水准路线的观测高差为单位权观测值，则各路线观测高差的权分别为

$$P_1 = \frac{6}{3} = 2, P_2 = \frac{6}{6} = 1, P_3 = \frac{6}{2} = 3, P_4 = \frac{6}{1.5} = 4 \tag{3-40}$$

(2) 按式(3-38)，已知第 4 条水准路线观测高差的权为 2，则

$$C = P_4 \times S_4 = 2 \times 1.5 = 3$$

所以，其他各路线的权分别为

$$p_1 = \frac{C}{S_1} = \frac{3}{3} = 1$$

$$p_2 = \frac{C}{S_2} = \frac{3}{6} = 0.5$$

$$p_3 = \frac{C}{S_3} = \frac{3}{2} = 1.5$$

需要说明的是，在水准测量中，是按用路线长度定权还是按路线测站数定权，需根据实际情况确定。通常在地势较为平坦的地区，每测站前后视距大致相等，即每千米的测站数大致相同，可按水准路线的长度定权；而在地势起伏较大的地区，因各测站视距相差可

能较大，此时按测站数定权较为合理。

（二）等精度独立观测值算术平均值的权

设有观测值 $L_1, L_2, \cdots, L_n$，它们分别是 $N_1, N_2, \cdots, N_n$ 次等精度独立观测值的算术平均值，若每次观测的中误差均为 σ，则由式（3-25）可得 L_i 的中误差为

$$\sigma_i = \frac{\sigma}{\sqrt{N_i}} \quad (i = 1, 2, \cdots, n) \tag{3-41}$$

令

$$\sigma_0 = \frac{\sigma}{\sqrt{C}} \tag{3-42}$$

其中，C 值可以任意选定。由权的定义式可得观测值 L_i 的权 P_i 为

$$p_i = \frac{N_i}{C} \quad (i = 1, 2, \cdots, n) \tag{3-43}$$

即由不同观测次数的等精度独立观测所得到的算术平均值 L_i，其权与其对应的观测次数成正比。

式（3-43）中，若 $N_i = 1$，则

$$C = \frac{1}{p_i} \tag{3-44}$$

若 $P_i = 1$，则

$$C = N_i \tag{3-45}$$

所以，C 也有两个意义：① C 是一次观测的权倒数；② C 是单位权观测值的观测次数。

以上几种定权方法的共同特点是，虽然它们都是以权的定义式为依据的，但是在实际定权时，并不需要知道各观测值方差的具体数字，只要知道测站数、路线长度及观测次数等就可以定权了。需要强调的是，定权时必须注意实际问题的假设前提条件，如“每测站观测高差中误差均相等”等条件。

第四节　协因数与协因数阵

在平差问题中，观测值及观测值函数的绝对精度指标方差和中误差通常在平差前是不知道的。但是根据一些具体的条件，可以在平差前确定观测值的权和权比关系，比如若一个三角网中角度均为等精度独立观测值，则这些角度观测值是等权观测值，可以将其权都定为1；又如在水准测量中，可以根据水准路线具体情况依测站数或测段长度定权，确定观测值之间的权比关系。平差前确定的这种权比关系将在平差过程中起到区别对待不同精度观测值的重要作用。权和权比关系确定后，可按具体平差方法求得观测值平差值和观测值平差值函数的平差值。

由式(3-28)还可得

$$\sigma_i^2 = \sigma_0^2 \frac{1}{p_i} \tag{3-46}$$

第四章中将介绍利用改正值向量 $\boldsymbol{V}$ 计算单位权方差估值的公式,在平差问题中求得单位权方差的估值 σ_0^2 后,代入式(3-46)可求得观测值的验后方差。在平差问题中,除了观测值向量,还有其他一些基本向量如改正值向量、观测值平差值向量等,这些向量可以表示为观测值向量的函数;在具体平差问题中,待求的点位坐标平差值、边长平差值和边的方位角平差值等也都是观测值平差值的函数。

对于观测值平差值 $\hat{L}_i$ 的方差,有

$$\sigma_{\hat{L}_i}^2 = \hat{\sigma}_0^2 \frac{1}{p_{\hat{L}_i}} \tag{3-47}$$

对于观测值平差值的函数 $\hat{\varphi} = f(\hat{L}_1, \hat{L}_2, \cdots, \hat{L}_n)$,有

$$\sigma_{\hat{\varphi}}^2 = \hat{\sigma}_0^2 \frac{1}{p_{\hat{\varphi}}} \tag{3-48}$$

由式(3-47)和式(3-48)可知,欲求观测值平差值和观测值平差值函数的方差,还需求出它们对应的权倒数。因一个量的权倒数和其方差仅相差常数 $\hat{\sigma}_0^2$ 倍,所以由方差传播律导出权倒数(阵)的传播规律是方便的。本节介绍协因数(权倒数)、协因数阵及权阵。

一、协因数与协因数阵的定义

首先定义观测值向量的协因数矩阵。已知观测值向量 $\underset{n1}{\boldsymbol{X}}$ 的协方差阵为

$$\boldsymbol{D}_{XX} = \begin{bmatrix} \sigma_1^2 & \sigma_{12} & \cdots & \sigma_{1n} \\ \sigma_{21} & \sigma_2^2 & \cdots & \sigma_{2n} \\ \vdots & \vdots & & \vdots \\ \sigma_{n1} & \sigma_{n2} & \cdots & \sigma_n^2 \end{bmatrix} \tag{3-49}$$

令

$$\boldsymbol{Q}_{XX} = \frac{1}{\sigma_0^2}\boldsymbol{D}_{XX} = \begin{bmatrix} \dfrac{\sigma_1^2}{\sigma_0^2} & \dfrac{\sigma_{12}}{\sigma_0^2} & \cdots & \dfrac{\sigma_{1n}}{\sigma_0^2} \\ \dfrac{\sigma_{21}}{\sigma_0^2} & \dfrac{\sigma_2^2}{\sigma_0^2} & \cdots & \dfrac{\sigma_{2n}}{\sigma_0^2} \\ \vdots & \vdots & & \vdots \\ \dfrac{\sigma_{n1}}{\sigma_0^2} & \dfrac{\sigma_{n2}}{\sigma_0^2} & \cdots & \dfrac{\sigma_n^2}{\sigma_0^2} \end{bmatrix} = \begin{bmatrix} Q_{11} & Q_{12} & \cdots & Q_{1n} \\ Q_{21} & Q_{22} & \cdots & Q_{2n} \\ \vdots & \vdots & & \vdots \\ Q_{n1} & Q_{n2} & \cdots & Q_{nn} \end{bmatrix} \tag{3-50}$$

$\boldsymbol{Q}_{XX}$ 为观测值向量 $\underset{n1}{\boldsymbol{X}}$ 的协因数阵。

显然，对 $\underset{n1}{\boldsymbol{X}}$ 中的任意两个分量，在 $\boldsymbol{Q}_{XX}$ 中有

$$\begin{cases} Q_{ii} = \dfrac{1}{p_i} = \dfrac{\sigma_i^2}{\sigma_0} \\ Q_{jj} = \dfrac{1}{p_j} = \dfrac{\sigma_j^2}{\sigma_0^2} \\ Q_{ij} = \dfrac{1}{p_{ij}} = \dfrac{\sigma_{ij}}{\sigma_0^2} \end{cases} \tag{3-51}$$

式(3-51)中，Q_{ii} 和 Q_{jj} 称为观测值向量 $\underset{n1}{\boldsymbol{X}}$ 中 X_i 和 X_j 的协因数(权倒数)，Q_{ij} 为 X_i 关于 X_j 的互协因数(相关权倒数)。

从上文的定义可以看出，观测值的协因数与方差成正比，与权成反比，因而协因数也可以作为比较观测值精度高低的指标。互协因数与协方差成正比，与相关权成反比，是比较观测值之间线性相关程度的一种指标。互协因数的绝对值越大，表示观测值相关程度越高；反之则越低。互协因数为零，表示观测值之间不相关。由概率论与数理统计知，对于正态分布，不相关与独立等价，故又称相互独立的观测值为不相关观测值。还可以看到，因协因数阵和方差阵仅为倍数关系，有望从协方差传播律导出协因数阵的传播规律，如果可以由观测值的协因数(阵)求得观测值平差值及平差值函数的协因数(阵)，即可求得观测值平差值及观测值平差值函数的精度。

如果另有观测值向量 $\underset{r1}{\boldsymbol{Y}}$，其方程阵为 $\boldsymbol{D}_{YY}$，$\underset{n1}{\boldsymbol{X}}$ 关于 $\underset{r1}{\boldsymbol{Y}}$ 的协方差阵为 $\boldsymbol{D}_{XY}$，令

$$\begin{cases} \boldsymbol{Q}_{XX} = \dfrac{1}{\sigma_0^2}\boldsymbol{D}_{XX} \\ \boldsymbol{Q}_{YY} = \dfrac{1}{\sigma_0^2}\boldsymbol{D}_{YY} \\ \boldsymbol{Q}_{XY} = \dfrac{1}{\sigma_0^2}\boldsymbol{D}_{XY} \end{cases} \tag{3-52}$$

或写为

$$\begin{cases} \boldsymbol{D}_{XX} = \sigma_0^2\boldsymbol{Q}_{XX} \\ \boldsymbol{D}_{YY} = \sigma_0^2\boldsymbol{Q}_{YY} \\ \boldsymbol{D}_{XY} = \sigma_0^2\boldsymbol{Q}_{XY} \end{cases} \tag{3-53}$$

$\boldsymbol{Q}_{XX}$ 和 $\boldsymbol{Q}_{YY}$ 分别为 $\underset{n1}{\boldsymbol{X}}$ 和 $\underset{r1}{\boldsymbol{Y}}$ 的协因数阵或权逆阵，$\boldsymbol{Q}_{XY}$ 为 $\underset{n1}{\boldsymbol{X}}$ 关于 $\underset{r1}{\boldsymbol{Y}}$ 的互协因数阵或相关权逆阵。当 $\boldsymbol{Q}_{XY} = \boldsymbol{Q}_{YX} = \boldsymbol{O}$ 时，$\underset{n1}{\boldsymbol{X}}$ 和 $\underset{r1}{\boldsymbol{Y}}$ 是相互独立的观测值向量。

若记

$$\boldsymbol{Z} = \begin{bmatrix} X \\ Y \end{bmatrix}$$

则 $\boldsymbol{Z}$ 的方差阵和协因数阵均可表示为分块矩阵形式。

$$
\left.\begin{aligned}
\boldsymbol{D}_{ZZ} &= \begin{bmatrix} \boldsymbol{D}_{XX} & \boldsymbol{D}_{XY} \\ \boldsymbol{D}_{YX} & \boldsymbol{D}_{YY} \end{bmatrix} \\
\boldsymbol{Q}_{ZZ} &= \begin{bmatrix} \boldsymbol{Q}_{XX} & \boldsymbol{Q}_{XY} \\ \boldsymbol{Q}_{YX} & \boldsymbol{Q}_{YY} \end{bmatrix}
\end{aligned}\right. \tag{3-54}
$$

二、权阵

在先定义了观测值向量 $\underset{n1}{\boldsymbol{X}}$ 的协因数阵 $\boldsymbol{Q}_{XX}$ 之后，以协因数阵 $\boldsymbol{Q}_{XX}$ 的逆矩阵定义 $\underset{n1}{\boldsymbol{X}}$ 的权阵 $\boldsymbol{P}_{XX}$，令

$$
\boldsymbol{P}_{XX} = \boldsymbol{Q}_{XX}^{-1} = \begin{bmatrix} Q_{11} & Q_{12} & \cdots & Q_{1n} \\ Q_{21} & Q_{22} & \cdots & Q_{2n} \\ \vdots & \vdots & & \vdots \\ Q_{n1} & Q_{n2} & \cdots & Q_{nn} \end{bmatrix}^{-1} \tag{3-55}
$$

$\boldsymbol{P}_{XX}$ 为观测值向量的权阵，从协因数阵的定义和式(3-55)中可以看到，协因数阵对角线上元素为观测值各分量的权倒数。测量平差中还有其他基本向量，这些基本向量的协因数阵对角线上元素同样是向量各分量的协因数(权倒数)。这样，就可以由协因数阵对角线上元素求得各分量的权，进而求得各分量的方差和中误差。协因数阵对角线以外的元素是向量两分量间的相关权倒数。

如果观测值向量的各分量之间是相互独立的，互协因数均为零。那么其协因数阵为对角阵[见式(3-56)]。

$$
\boldsymbol{Q}_{XX} = \begin{bmatrix} \frac{1}{P_1} & 0 & \cdots & 0 \\ 0 & \frac{1}{P_2} & \cdots & 0 \\ \vdots & \vdots & & \vdots \\ 0 & 0 & \cdots & \frac{1}{P_n} \end{bmatrix} \tag{3-56}
$$

将式(3-56)求逆得到观测值权阵为

$$
\boldsymbol{P}_{XX} = \begin{bmatrix} P_1 & 0 & \cdots & 0 \\ 0 & P_2 & \cdots & 0 \\ \vdots & \vdots & & \vdots \\ 0 & 0 & \cdots & P_n \end{bmatrix} \tag{3-57}
$$

由此可知，相互独立的观测值向量，其权阵为对角阵，对角线上各元素为相关分量的权。

需要注意的是，如果观测值向量之间不是相互独立的，为相关观测值，那么其权阵将不再为对角阵。例如：

$$
\boldsymbol{P}_{XX}=\boldsymbol{Q}_{XX}^{-1}=\begin{bmatrix} \frac{1}{P_1} & \frac{1}{P_{12}} & \cdots & \frac{1}{P_{1n}} \\ \frac{1}{P_{21}} & \frac{1}{P_2} & \cdots & \frac{1}{P_{2n}} \\ \vdots & \vdots & & \vdots \\ \frac{1}{P_{n1}} & \frac{1}{P_{n2}} & \cdots & \frac{1}{P_n} \end{bmatrix}^{-1} \neq \begin{bmatrix} P_1 & P_{12} & \cdots & P_{1n} \\ P_{21} & P_2 & \cdots & P_{2n} \\ \vdots & \vdots & & \vdots \\ P_{n1} & P_{n2} & \cdots & P_n \end{bmatrix} \tag{3-58}
$$

式(3-58)的矩阵中，P_i 为各分量的权，P_{ij} 为各分量的相关权。

式(3-58)表明，相关观测值的权阵中各元素将不再具有权的意义。但是，相关观测值的权阵在平差计算中，同样可以起到同独立观测值权阵一样的作用，故仍将 $\boldsymbol{P}_{XX}$ 称为权阵。

第五节　协因数传播律

由协因数和协因数阵的定义可知，协因数阵可以由协方差阵除以常数 σ_0^2 得到；观测值向量的协因数阵的对角线元素是相应观测值的权倒数。因此，有了协因数和协因数阵的定义式，根据协方差传播律，可以方便地得到由观测值向量的协因数阵求其函数的协因数阵的协因数传播律，从而得到观测值向量的函数的权。

设有观测值向量 $\boldsymbol{X}$，已知它的协因数阵为 $\boldsymbol{Q}_{XX}$，又设有 $\boldsymbol{X}$ 的函数 $\boldsymbol{Y}$ 和 $\boldsymbol{Z}$，形式如下：

$$
\begin{cases} \boldsymbol{Y}=\boldsymbol{F}\boldsymbol{X}+\boldsymbol{F}_0 \\ \boldsymbol{Z}=\boldsymbol{K}\boldsymbol{X}+\boldsymbol{K}_0 \end{cases} \tag{3-59}
$$

根据协方差传播律式(3-7)、式(3-10)和式(3-11)，有

$$
\begin{cases} \boldsymbol{D}_{YY}=\boldsymbol{F}\boldsymbol{D}_{XX}\boldsymbol{F}^{\mathrm{T}} \\ \boldsymbol{D}_{ZZ}=\boldsymbol{K}\boldsymbol{D}_{XX}\boldsymbol{K}^{\mathrm{T}} \\ \boldsymbol{D}_{YZ}=\boldsymbol{F}\boldsymbol{D}_{XX}\boldsymbol{K}^{\mathrm{T}} \end{cases} \tag{3-60}
$$

则由式(3-53)，可得

$$
\begin{cases} \boldsymbol{Q}_{YY}=\boldsymbol{F}\boldsymbol{Q}_{XX}\boldsymbol{F}^{\mathrm{T}} \\ \boldsymbol{Q}_{ZZ}=\boldsymbol{K}\boldsymbol{Q}_{XX}\boldsymbol{K}^{\mathrm{T}} \\ \boldsymbol{Q}_{YZ}=\boldsymbol{F}\boldsymbol{Q}_{XX}\boldsymbol{K}^{\mathrm{T}} \end{cases} \tag{3-61}
$$

式(3-61)即为由观测值向量的协因数阵求观测值向量函数的协因数阵及互协因数阵的协因数传播律。该式与协方差传播律形式相同，故将协方差传播律和协因数传播律合称为广义传播律。

如果 $\boldsymbol{Y}$ 和 $\boldsymbol{Z}$ 的各分量都是 $\boldsymbol{X}$ 的非线性函数，则

$$
\begin{cases}
\boldsymbol{Y}=\begin{bmatrix}Y_1\\Y_2\\\vdots\\Y_r\end{bmatrix}=\begin{bmatrix}F_1(X_1,X_2,\cdots,X_n)\\F_2(X_1,X_2,\cdots,X_n)\\\vdots\\F_r(X_1,X_2,\cdots,X_n)\end{bmatrix}\\
\boldsymbol{Z}=\begin{bmatrix}Z_1\\Z_2\\\vdots\\Z_t\end{bmatrix}=\begin{bmatrix}f_1(X_1,X_2,\cdots,X_n)\\f_2(X_1,X_2,\cdots,X_n)\\\vdots\\f_t(X_1,X_2,\cdots,X_n)\end{bmatrix}
\end{cases}
\tag{3-62}
$$

利用全微分对非线性形式进行线性化,有

$$
\begin{cases}
\mathrm{d}\boldsymbol{Y}=\boldsymbol{F}\mathrm{d}\boldsymbol{X}\\
\mathrm{d}\boldsymbol{Z}=\boldsymbol{K}\mathrm{d}\boldsymbol{X}
\end{cases}
\tag{3-63}
$$

式中系数矩阵 $\boldsymbol{F}$ 和 $\boldsymbol{K}$ 分别定义为

$$
\boldsymbol{F}=\begin{bmatrix}
\frac{\partial F_1}{\partial X_1} & \frac{\partial F_1}{\partial X_2} & \cdots & \frac{\partial F_1}{\partial X_n}\\
\frac{\partial F_2}{\partial X_1} & \frac{\partial F_2}{\partial X_2} & \cdots & \frac{\partial F_2}{\partial X_n}\\
\vdots & \vdots & & \vdots\\
\frac{\partial F_r}{\partial X_1} & \frac{\partial F_r}{\partial X_2} & \cdots & \frac{\partial F_r}{\partial X_n}
\end{bmatrix},\boldsymbol{K}=\begin{bmatrix}
\frac{\partial f_1}{\partial X_1} & \frac{\partial f_1}{\partial X_2} & \cdots & \frac{\partial f_1}{\partial X_n}\\
\frac{\partial f_2}{\partial X_1} & \frac{\partial f_2}{\partial X_2} & \cdots & \frac{\partial f_2}{\partial X_n}\\
\vdots & \vdots & & \vdots\\
\frac{\partial f_t}{\partial X_1} & \frac{\partial f_t}{\partial X_2} & \cdots & \frac{\partial f_t}{\partial X_n}
\end{bmatrix}
\tag{3-64}
$$

则 $\boldsymbol{Y}$ 和 $\boldsymbol{Z}$ 的互协因数阵也可以按式(3-61)求得。

【例 3-9】 已知独立观测值 L_i 的权为 $p_i(i=1,2,\cdots,n)$,试求 $X=\frac{[pL]}{[p]}$ 的权 p_X 。

解:因

$$
X=\frac{[pL]}{[p]}=\frac{1}{[p]}(p_1L_1+p_2L_2+\cdots+p_nL_n)
\tag{3-65}
$$

按协因数传播律,有

$$
\begin{aligned}
Q_{XX}&=\frac{1}{p_X}=\frac{1}{[p]^2}(p_1^2\times\frac{1}{p_1}+p_2^2\times\frac{1}{p_2}+\cdots+p_n^2\times\frac{1}{p_n})\\
&=\frac{1}{[p]^2}(p_1+p_2+\cdots+p_n)=\frac{1}{[p]}\\
&\Rightarrow p_X=[p]
\end{aligned}
\tag{3-66}
$$

式(3-66)为不等精度观测值的加权平均值计算公式,加权平均值的权等于各观测值权的和,显然加权平均值相对一次观测值来说精度更高。

若各观测值为等精度独立观测值,可将各观测值的权都定为单位权,则 n 次观测值的算术平均值为

$$
\begin{aligned}
X&=\frac{[pL]}{[p]}=\frac{1}{[p]}(p_1L_1+p_2L_2+\cdots+p_nL_n)\\
&=\frac{[L]}{n}
\end{aligned}
\tag{3-67}
$$

且算术平均值的权 p_X 为

$$p_X = n \tag{3-68}$$

【例 3-10】　已知观测值向量 $\boldsymbol{X}_1$ 和 $\boldsymbol{X}_2$ 的协因数阵 $\boldsymbol{Q}_{X_1X_1}$、$\boldsymbol{Q}_{X_2X_2}$ 和互协因数阵 $\boldsymbol{Q}_{X_1X_2}$，用矩阵形式表示为

$$\boldsymbol{X} = \begin{bmatrix} \boldsymbol{X}_1 \\ \boldsymbol{X}_2 \end{bmatrix}, \boldsymbol{Q}_{XX} = \begin{bmatrix} \boldsymbol{Q}_{X_1X_1} & \boldsymbol{Q}_{X_1X_2} \\ \boldsymbol{Q}_{X_2X_1} & \boldsymbol{Q}_{X_2X_2} \end{bmatrix}$$

设有函数

$$\begin{cases} \boldsymbol{Y} = \boldsymbol{F}\boldsymbol{X}_1 \\ \boldsymbol{Z} = \boldsymbol{K}\boldsymbol{X}_2 \end{cases}$$

试求 $\boldsymbol{Y}$ 关于 $\boldsymbol{Z}$ 的互协因数阵 $\boldsymbol{Q}_{YZ}$。

解：可先将函数表达为关于观测值向量 X_1 和 X_2 的矩阵方程。

$$\boldsymbol{Y} = [\boldsymbol{F},\quad 0] \begin{bmatrix} \boldsymbol{X}_1 \\ \boldsymbol{X}_2 \end{bmatrix}$$

$$\boldsymbol{Z} = [0,\quad \boldsymbol{K}] \begin{bmatrix} \boldsymbol{X}_1 \\ \boldsymbol{X}_2 \end{bmatrix}$$

应用协因数传播律可得

$$\boldsymbol{Q}_{YZ} = [\boldsymbol{F}, 0] \begin{bmatrix} \boldsymbol{Q}_{X_1X_1} & \boldsymbol{Q}_{X_1X_2} \\ \boldsymbol{Q}_{X_2X_1} & \boldsymbol{Q}_{X_2X_2} \end{bmatrix} \begin{bmatrix} 0 \\ \boldsymbol{K}^{\mathrm{T}} \end{bmatrix} = \boldsymbol{F}\boldsymbol{Q}_{X_1X_2}\boldsymbol{K}^{\mathrm{T}} \tag{3-69}$$

式(3-69)也可以看作协因数传播律的一个应用。

【例 3-11】　设有独立观测值向量 $\underset{n1}{\boldsymbol{L}}$，已知其协因数阵 $\boldsymbol{Q}_{LL} = \boldsymbol{I}$，设以下基本向量均为 $\underset{n1}{\boldsymbol{L}}$ 的函数向量。

$$\boldsymbol{V} = \boldsymbol{A}\hat{\boldsymbol{X}} - \boldsymbol{L}$$

$$\hat{\boldsymbol{X}} = (\boldsymbol{A}^{\mathrm{T}}\boldsymbol{A})^{-1}\boldsymbol{A}^{\mathrm{T}}\boldsymbol{L}$$

$$\hat{\boldsymbol{L}} = \boldsymbol{L} + \boldsymbol{V}$$

试利用协因数传播律求观测值向量函数的协因数阵 $\boldsymbol{Q}_{\hat{X}\hat{X}}$、$\boldsymbol{Q}_{\hat{L}\hat{L}}$ 及互协因数阵 $\boldsymbol{Q}_{V\hat{X}}$、$\boldsymbol{Q}_{V\hat{L}}$。

解：先将各基本向量表示为关于观测值向量 $\underset{n1}{\boldsymbol{L}}$ 的矩阵方程：

$$\boldsymbol{V} = [\boldsymbol{A}(\boldsymbol{A}^{\mathrm{T}}\boldsymbol{A})^{-1}\boldsymbol{A}^{\mathrm{T}} - \boldsymbol{I}]\boldsymbol{L}$$

$$\hat{\boldsymbol{X}} = (\boldsymbol{A}^{\mathrm{T}}\boldsymbol{A})^{-1}\boldsymbol{A}^{\mathrm{T}}\boldsymbol{L}$$

$$\hat{\boldsymbol{L}} = \boldsymbol{A}(\boldsymbol{A}^{\mathrm{T}}\boldsymbol{A})^{-1}\boldsymbol{A}^{\mathrm{T}}\boldsymbol{L}$$

直接应用协因数传播律，可得

$$Q_{\hat{X}\hat{X}} = (A^{T}A)^{-1}A^{T}I[(A^{T}A)^{-1}A^{T}]^{T} = (A^{T}A)^{-1}A^{T}A(A^{T}A)^{-1} = (A^{T}A)^{-1}$$

$$Q_{\hat{L}\hat{L}} = [A(A^{T}A)^{-1}A^{T}]I[A(A^{T}A)^{-1}A^{T}]^{T} = A(A^{T}A)^{-1}A^{T}$$

$$\begin{aligned} Q_{\hat{V}\hat{X}} &= [A(A^{T}A)^{-1}A^{T} - I]I[(A^{T}A)^{-1}A^{T}]^{T} \\ &= A(A^{T}A)^{-1}A^{T}A(A^{T}A)^{-1} - A(A^{T}A)^{-1} \\ &= A(A^{T}A)^{-1} - A(A^{T}A)^{-1} = 0 \end{aligned}$$

$$\begin{aligned} Q_{\hat{V}\hat{L}} &= [A(A^{T}A)^{-1}A^{T} - I]I[A(A^{T}A)^{-1}A^{T}]^{T} \\ &= A(A^{T}A)^{-1}A^{T}A(A^{T}A)^{-1}A^{T} - A(A^{T}A)^{-1}A^{T} \\ &= A(A^{T}A)^{-1}A^{T} - A(A^{T}A)^{-1}A^{T} = 0 \end{aligned}$$

第六节　由真误差计算中误差及其实际应用

前面已经提到,水准测量中测段高差观测值的方差平差前并不知道,但可根据一定条件确定高差观测值的权,如定权时可根据水准路线的具体情况利用测站数、路线长度定权。评定观测值及其函数的精度是测量平差的主要内容之一,由定权公式(3-28)可知,如果求得了单位权方差的估值,在已知观测值权的情况下,就可以求出观测值的验后方差。

根据广义误差传播律可以求观测值函数的协因数,进而求得其方差和中误差。可见,单位权方差的计算在测量平差中具有重要的意义。

本节介绍如何利用一组不同精度观测值的真误差来计算单位权中误差的估值,并通过实例说明估值公式的应用。

一、由等精度独立观测值的真误差计算单位权中误差的基本公式

设有一组等精度独立观测值 $L_i(i=1,2,\cdots,n)$,它们的数学期望、真误差分别为 $E(L_i)$、Δ_i,有

$$\Delta_i = L_i - E(L_i) \qquad (i=1,2,\cdots,n) \tag{3-70}$$

由中误差的定义式得

$$\sigma = \sqrt{E(\Delta^2)} = \lim_{n\to\infty}\sqrt{\frac{[\Delta^2]}{n}} \tag{3-71}$$

式(3-70)、式(3-71)表明,L_i、Δ_i 仅相差常量,所以它们均服从正态分布,且方差相同,即

$$\begin{cases} L_i \sim N[E(L_i),\sigma^2] \\ \Delta_i \sim N(0,\sigma^2) \end{cases} \tag{3-72}$$

测量实践中,观测次数 n 只能是有限次的。根据参数估计理论,用子样信息估计总体信息是合理的,此时式(3-71)记为

$$\hat{\sigma}=\sqrt{\frac{[\Delta^2]}{n}} \tag{3-73}$$

式(3-73)即为根据一组等精度独立观测值的真误差计算观测值中误差的基本公式，式中括号为求和符号。需要说明的是，观测值的真值通常是未知的，真误差通常也是未知的，只有在少数真值可以通过数学关系确定的问题中，此式才有实际意义。

二、由不等精度独立观测值的真误差计算单位权中误差的基本公式

设 $L_1,L_2,\cdots,L_n$ 是一组不等精度独立观测值，它们的数学期望、真误差和权分别为 $E(L_i)$、Δ_i、p_i，即

$$E(L_1),E(L_2),\cdots,E(L_n)$$
$$\Delta_1,\Delta_2,\cdots,\Delta_n$$
$$p_1,p_2,\cdots,p_n$$

设计一组虚拟观测值，令

$$L_i'=\sqrt{p_i}L_i \quad (i=1,2,\cdots,n) \tag{3-74}$$

由协因数传播律，可得 L_i' 的权为

$$\frac{1}{p_{L_i'}}=(\sqrt{p_i})^2\frac{1}{p_i}=1$$
$$\Rightarrow p_{L_i'}=1 \quad (i=1,2,\cdots,n)$$

故 L_i' 为单位权观测值，其真误差 Δ'_i 及权 $p_{L_i'}$ 分别为

$$\sqrt{p_1}\Delta_1,\sqrt{p_2}\Delta_2,\cdots,\sqrt{p_n}\Delta_n$$
$$1,\ 1,\ \cdots,\ 1$$

则由式(3-71)可得

$$\sigma_0=\sqrt{E(\Delta'^2)}=\lim_{n\to\infty}\sqrt{\frac{\sum_{i=1}^{n}\Delta_i'^2}{n}} \tag{3-75}$$

$$\Rightarrow\sigma_0=\lim_{n\to\infty}\sqrt{\frac{\sum_{i=1}^{n}p_i\Delta_i^2}{n}} \tag{3-76}$$

上式就是根据一组不等精度真误差计算单位权中误差的理论值。因观测次数 n 为有限次，此时式(3-76)记为

$$\hat{\sigma}_0=\sqrt{\frac{\sum_{i=1}^{n}p_i\Delta_i^2}{n}} \tag{3-77}$$

式(3-77)即为根据一组不等精度真误差计算单位权中误差的基本公式。

三、由真误差计算中误差的实际应用

在一般情况下，由于观测值的真值是未知的，因此真误差也是未知的，这时不能应用

式(3-73)和式(3-77)计算中误差的估值。但在某些特定的情况下,观测值函数的真值是已知的,结合广义误差传播律,就可以求出观测值及其函数的中误差的估值。

(一)由三角形闭合差求测角中误差

平面三角形的3个内角之和的理论值为180°,因此三角形内角和闭合差为三个内角观测值之和(看作一个观测值)的真误差。由于按相同的规范施测,一个三角网中的三角形内角测角精度相同,所以每一个三角形的3个内角之和也是等精度的。

设测角三角网观测了 n 个三角形,其中第 i 个三角形中三个内角和为$(\alpha_i+\beta_i+\gamma_i)$ $(i=1,2,\cdots,n)$,则该三角形内角和 Σ_i 的闭合差 w_i 为

$$w_i=(\alpha_i+\beta_i+\gamma_i)-180°=\Delta_{\Sigma_i}\quad(i=1,2,\cdots,n)$$

显然 w_i 具有真误差性质。

按式(3-73)可求得三角形内角和的中误差。

$$\hat{\sigma}_{\Sigma}=\sqrt{\frac{[\Delta_{\Sigma}\Delta_{\Sigma}]}{n}}=\sqrt{\frac{[ww]}{n}}\tag{3-78}$$

又因

$$\Sigma_i=(\alpha_i+\beta_i+\gamma_i)\qquad(i=1,2,\cdots,n)$$

设各内角观测值的中误差均为 $\hat{\sigma}_{\beta}$,根据协方差传播定律,有

$$\begin{aligned}&\hat{\sigma}_{\Sigma}=\sqrt{3}\,\hat{\sigma}_{\beta}\\&\Rightarrow\hat{\sigma}_{\beta}=\frac{1}{\sqrt{3}}\hat{\sigma}_{\Sigma}\end{aligned}\tag{3-79}$$

将其代入式(3-78),可得测角中误差为

$$\hat{\sigma}_{\beta}=\sqrt{\frac{[ww]}{3n}}\tag{3-80}$$

式(3-80)称为菲列罗公式,在三角测量中常用它来评定测角的精度。

(二)依双次观测值之差计算中误差

在测量工作中,常对一系列观测量进行成对观测。比如水准测量要求对每段水准路线进行往返测,导线边长测量要求每边测量两次等。这种对一个量进行的成对观测为双次观测。

设有 n 对观测值 $L_i',L_i''(i=1,2,\cdots,n)$,其中各对内的观测值精度相同,其权均为 p_i,而各观测对之间的精度不同,即权 p_i 不完全相同。各对内的双次观测值之差 d_i 为

$$d_i=L'_i-L''_i\qquad(i=1,2,\cdots,n)$$

因各对内双次观测均是对同一量的观测,所以双次观测之差 d_i 的真值为零,d_i 具有真误差性质。又由协因数传播律,容易得

$$P_{d_i}=\frac{P_i}{2}$$

则由式(3-77),即得双次观测之差计算单位权中误差的公式。

$$\hat{\sigma}_0 = \sqrt{\frac{[pdd]}{2n}} \tag{3-81}$$

在水准测量和距离测量中,一般求得单位公里观测结果的中误差为单位权中误差。如需进一步求某一观测值的中误差,即可按式(3-46)计算。

当各观测对间精度相等时,令各观测值的权均为1,由式(3-81)即可得各观测值中误差为

$$\hat{\sigma}_0 = \sqrt{\frac{P[dd]}{2n}} \tag{3-82}$$

【例3-12】　水准测量的精度根据往返测不符值(往返测高差之差)评定,高等级的水准网中包括一些水准路线,这些水准路线之间构成一些水准闭合环线。在一条水准路线中,各测段观测高差为双次观测,往返测高差之差 d_i 为真误差,由式(3-77)可得每千米单程高差的偶然中误差(单位权中误差)为

$$\hat{\sigma}_0 = \sqrt{\frac{1}{2n}\left[\frac{dd}{R}\right]} \tag{3-83}$$

式中:R_i 为各测段长度。

又由式(3-25),往返测高差平均值的每千米偶然中误差 M_Δ 为

$$M_\Delta = \frac{1}{\sqrt{2}}\hat{\sigma}_0 = \sqrt{\frac{1}{4n}\left[\frac{dd}{R}\right]} \tag{3-84}$$

按水准测量规范规定,一、二等水准路线应以测段往返高差不符值按式(3-84)计算每千米往返测高差中数的偶然中误差 M_Δ。当水准路线构成水准网的单一闭合环超过20个时,还应按各水准环闭合差 W_i 计算每千米水准高差中数的全中误差 M_W。因经过正常水准面不平行改正后计算的环线闭合差 W_i 为真误差,可直接由式(3-82)计算 M_W,有

$$M_W = \sqrt{\frac{1}{N}\left[\frac{WW}{F}\right]} \tag{3-85}$$

式中:N 为水准环个数;F 为水准环线长度。

按式(3-84)、式(3-85)计算的 M_Δ 和 M_W 应在规范要求的限差之内。

第四章　测量平差数学模型与最小二乘估计

第一节　概　论

测绘工程的主要任务之一是点位坐标求定的问题,在确定了大地测量坐标系统的理论定义以后,通过测设大地测量控制网来建立和维持大地测量坐标系统,网中控制点的坐标值即为大地测量坐标系统的具体体现。经典大地测量控制网中的三角网、导线网和水准网,现代大地测量中的 GNSS 网等均为几何网形,定位问题正是网中控制点点位坐标的求解。控制网中待定点点位坐标通常不是直接观测得到的,需要通过观测一些元素,比如角度、距离、高差等,利用足够的已知数据,通过一定的平差计算过程得出。有了这些控制网中的控制点点位坐标值,几何网形的位置就可以唯一确定下来,网中其他的几何量如边长、方位角等,均可由点位坐标计算导出。

本书将观测值及其真值记为 L_i 及 $\widetilde{L}_i$,相应的观测值向量及真值向量记为 $\boldsymbol{L}_i$ 及 $\widetilde{\boldsymbol{L}}_i$。

为了唯一确定一个几何网形的形状,需要观测的最少元素个数,称为该几何网形的必要元素,记为 t 个必要元素。例如,在图 4-1 中,要确定一个三角形的形状(相似形),只需知道三个内角中的两个,如 $\widetilde{L}_1$、$\widetilde{L}_2$,第三个内角 $\widetilde{L}_3$ 可由三角形内角和定理计算得出。如果需要确定该三角形的大小,则还需要至少一条已知边长,有了两个角度值和一个边长值后,第三个角度和另两条边长可由内角和条件及正弦定理求得,该三角形的形状和大小也就确定了。

又如,水准网为一维网,在图 4-2 中,BM_A 为已知水准点,网中观测元素为水准点点间高差 h_1、h_2、h_3,为了唯一确定 P_1、P_2 两待定点高程,只需观测三个高差中的两个即可求得 P_1、P_2 两点高程,这两个高差观测值被称为必要观测元素。

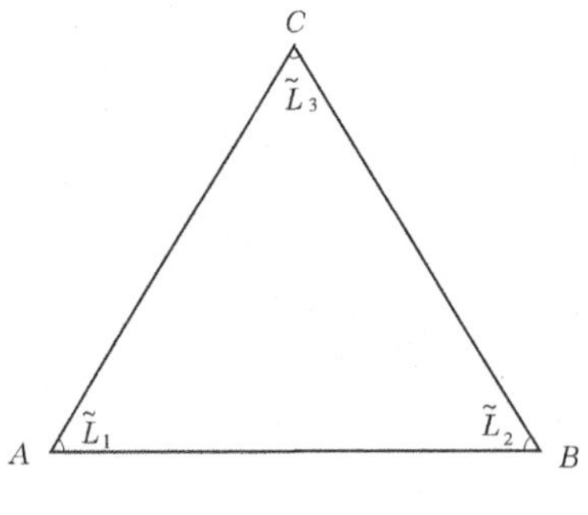

图 4-1　三角形几何模型

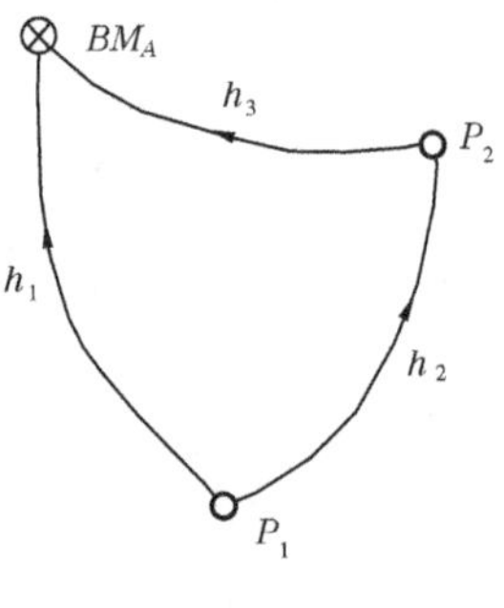

图 4-2　水准网几何模型

一个几何网形，只要其图形确定了，那么确定该几何网形所需的 t 个必要元素也就随之确定了。这 t 个必要元素可以有多种组合，如图 4-1 所示，要确定该三角形的形状和大小，需要 3 个必要元素，这 3 个必要观测元素可以是 $\widetilde{L}_1$、$\widetilde{L}_2$、$\widetilde{D}_{AB}$，或 $\widetilde{L}_1$、$\widetilde{L}_3$、$\widetilde{D}_{AB}$，或 $\widetilde{L}_1$、$\widetilde{L}_3$、$\widetilde{D}_{BC}$，或 $\widetilde{D}_{AB}$、$\widetilde{D}_{BC}$、$\widetilde{D}_{CA}$ 等，有了必要元素以后，该模型中其他元素都可由这一组必要元素计算得出。

需要特别注意的是，唯一确定一个几何模型的 t 个必要元素必须是相互独立的元素，即这 t 个必要元素中任何一个元素均不能由该组其他元素通过函数关系（方程）计算得出。在图 4-1 中，$\widetilde{L}_1$、$\widetilde{L}_2$、$\widetilde{D}_{AB}$ 是一组确定三角形形状和大小的必要元素，该组中任一元素均不能由其他两个元素通过函数关系计算得出。而 $\widetilde{L}_1$、$\widetilde{L}_2$、$\widetilde{L}_3$ 则不是一组可以确定三角形形状和大小的必要元素，因为该组合三个元素存在函数相关关系，其中任何一个角度都可以由其他两个角度通过三角形内角和定理（方程）求得，而且该组 3 个角度中任意 2 个相互独立的角度仅能确定三角形形状（相似形）而不能确定三角形的大小。

虽然可以通过观测必要元素确定一个几何网形，但是在测量实践中，为确定一个几何网形进行的观测，是不允许仅仅观测一组必要观测元素的，这是因为从概率论与数理统计的角度来看，不能百分之百地确定在必要观测元素的观测过程中没有发生错误，为了发现和排除在观测过程中可能发生的错误或粗差，必须进行多于必要观测元素的其他元素的观测，称之为 r 个多余观测。下文提到，一个几何网形中任何多余观测元素的真值均可由必要观测元素的真值依据函数关系（方程）推算得出，那么这些多余观测元素真值和必要观测元素真值之间的函数关系（方程）就构成了检核条件（方程），即多余观测元素的推算值和其观测值真值理论上应该相等。

观测一个几何网形，若总的观测个数为 n 个，必要观测数为 t 个，则多余观测数 $r=n-t$。

【例 4-1】　如图 4-1 所示，为了确定一个平面 $\triangle ABC$ 的形状和大小，观测了 6 个元素，包括 3 个内角 L_1、L_2、L_3 及 3 条边长 D_{AB}、D_{CA}、D_{BC}。若选定 3 个函数独立元素 L_1、L_2、D_{AB} 为必要观测元素，则其他 3（$r=6-3=3$）个多余观测元素 L_3、D_{CA}、D_{BC} 的真值均可表示为 3 个必要观测元素真值的函数（方程），即

$$\begin{cases}\widetilde{L}_1+\widetilde{L}_2+\widetilde{L}_3-180^\circ=0\\[2ex] \dfrac{\widetilde{D}_{CA}}{\sin\widetilde{L}_2}=\dfrac{\widetilde{D}_{AB}}{\sin(180^\circ-\widetilde{L}_1-\widetilde{L}_2)}\\[2ex] \dfrac{\widetilde{D}_{BC}}{\sin\widetilde{L}_1}=\dfrac{\widetilde{D}_{AB}}{\sin(180^\circ-\widetilde{L}_1-\widetilde{L}_2)}\end{cases}\tag{4-1}$$

由例 4-1 可以看到,因为 t 个必要元素已经唯一确定了几何模型,所以一个几何模型中的其他任意元素都可以由必要元素导出。一个平差问题如果进行了 r 个多余观测,那么可以组成一个有 r 个方程的方程组,则称该方程组为观测值真值条件方程组。例 4-1 中的 3 个方程即组成一个观测值真值条件方程组。在例 4-1 中,还可以看到,3 个必要观测元素中的每一个元素的真值当然也可以表示为其本身的函数(方程),即

$$\begin{cases} \widetilde{L}_1 = \widetilde{L}_1 \\ \widetilde{L}_2 = \widetilde{L}_2 \\ \widetilde{D}_{AB} = \widetilde{D}_{AB} \end{cases} \tag{4-2}$$

可以将这 3 个方程和 3 个观测值条件方程联立起来构成新的方程组:

$$\begin{cases} \widetilde{L}_1 = \widetilde{L}_1 \\ \widetilde{L}_2 = \widetilde{L}_2 \\ \widetilde{D}_{AB} = \widetilde{D}_{AB} \\ \widetilde{L}_3 = -\widetilde{L}_1 - \widetilde{L}_2 + 180^\circ \\ \widetilde{D}_{CA} = \dfrac{\widetilde{D}_{AB}\sin \widetilde{L}_2}{\sin(180^\circ - \widetilde{L}_1 - \widetilde{L}_2)} \\ \widetilde{D}_{BC} = \dfrac{\widetilde{D}_{AB}\sin \widetilde{L}_1}{\sin(180^\circ - \widetilde{L}_1 - \widetilde{L}_2)} \end{cases} \tag{4-3}$$

新方程组包含 6 个方程,即如果对一个几何模型进行了 n 个元素的观测,则每一个观测元素都可以形成一个和必要观测元素有关的方程,这 n 个方程称之为观测值真值方程(组)。

【例 4-2】 如图 4-3 所示的水准网,图中箭头表示水准路线前进方向,A 为已知水准点,为了求得 B、C、D 三个待定点高程,观测了 6 段水准高差 $h_1 \sim h_6$,高差观测值的真值记为 $\widetilde{h}_1 \sim \widetilde{h}_6$,水准网为一维网,欲求 3 个待定点高程,只要确定 3 个函数独立的必要观测高差真值即可,本例中 3 个必要观测高差真值的组合可以有多个,如 $\widetilde{h}_1$、$\widetilde{h}_2$、$\widetilde{h}_4$,$\widetilde{h}_1$、$\widetilde{h}_3$、$\widetilde{h}_4$ 或 $\widetilde{h}_3$、$\widetilde{h}_4$、$\widetilde{h}_5$ 等,现选定 $\widetilde{h}_1$、$\widetilde{h}_2$、$\widetilde{h}_4$ 为一组必要观测元素的真值,则 $\widetilde{h}_3$、$\widetilde{h}_5$、$\widetilde{h}_6$ 为多余观测元素真值,可以将每一个多余观测元素的真值和三个必要元素真值组成观测值真值条件方程组(r=3 个方程)[见式(4-4)]。

$$\begin{cases}\tilde{h}_1-\tilde{h}_2-\tilde{h}_3=0\\ \tilde{h}_1+\tilde{h}_4-\tilde{h}_5=0\\ \tilde{h}_1+\tilde{h}_2+\tilde{h}_4-\tilde{h}_6=0\end{cases}\tag{4-4}$$

以 $\tilde{h}_1$、$\tilde{h}_2$、$\tilde{h}_4$ 为必要观测元素，还可以将每一个观测元素的真值组成观测值真值方程组（$n=6$ 个方程）[见式(4-5)]。

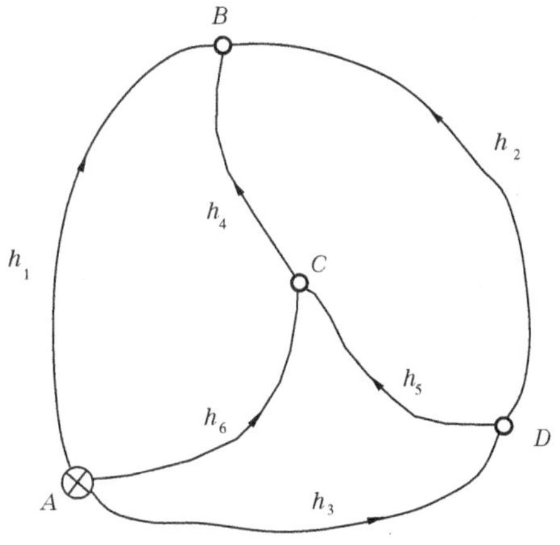

图 4-3　水准网

$$\begin{cases}\tilde{h}_1=\tilde{h}_1\\ \tilde{h}_2=\tilde{h}_2\\ \tilde{h}_3=\tilde{h}_1-\tilde{h}_2\\ \tilde{h}_4=\tilde{h}_4\\ \tilde{h}_5=\tilde{h}_2-\tilde{h}_4\\ \tilde{h}_6=\tilde{h}_1-\tilde{h}_4\end{cases}\tag{4-5}$$

需要说明的是，由真值组成的观测值方程、多余观测值条件方程由数学定理导出，观测值普遍带有误差，如果将实际观测值代入多余观测值真值应满足的条件方程中，则方程一般将不能成立，如在式(4-1)中，有

$$\tilde{L}_1+\tilde{L}_2+\tilde{L}_3-180°=0$$

以实际观测值代入，则通常有

$$L_1+L_2+L_3-180°\neq 0$$

令

$$L_1+L_2+L_3-180°=w$$

上式称为观测值条件方程，w 称为三角形图形条件闭合差，其理论值为零。

受观测条件的限制，观测值中不可避免地带有偶然误差，使得条件方程因为观测值中误差的存在而使闭合差不为零。如何根据数理统计理论调整观测值，将观测值合理地加上改正数，求出观测值及观测值函数的最佳估值，从而达到消除闭合差(矛盾)的目的，是测量平差的主要任务之一，求得的对真值的最佳估值称为平差值。在求得最佳估值以后，分析和计算结果的精度，这是测量平差的又一个主要任务。

第二节　测量平差的数学模型

在测量实践当中，对一个几何模型的观测，不允许仅进行必要观测，还要进行多余观测。在第四章第一节中，有了多余观测元素以后，多余观测元素和必要观测元素之间形成一定函数关系（方程），可以根据数学定理列出多余观测元素真值和必要观测元素真值的函数关系（条件方程），但是如果将带有误差的实际观测值代入观测值真值条件方程中，将产生闭合差（矛盾）。

因为观测值带有偶然误差，是服从于正态分布的随机向量，所以和通常的方程组不同，在方程组的解算过程中还需要考虑观测值及其函数的随机特性。

在概率论与数理统计中，已经学习了参数估计方法如矩估计、极大似然估计等方法。在测量平差问题中，人们正是利用参数估计方法对观测值向量加改正数向量进行调整，调整以后的观测值向量称为观测值的平差值向量，记为

$$\hat{\boldsymbol{L}} = \boldsymbol{L} + \boldsymbol{V} \tag{4-6}$$

即平差值 $\hat{\boldsymbol{L}}$ 等于观测值 $\boldsymbol{L}$ 加改正数 $\boldsymbol{V}$，调整的原则可由极大似然估计导出，称为最小二乘估计（$\boldsymbol{V}^{\mathrm{T}}\boldsymbol{P}\boldsymbol{V}=\min$），将于本章第四节进行介绍。

下文介绍测量平差中常用的数学模型，数学模型包括函数模型（矩阵方程组成形式），还包括随机模型。

一、测量平差的函数模型

测量平差问题是多元方程组联立和解算的问题，方程组中未知量的选择、观测值与未知量的函数关系（方程）可以根据实际问题选取和联立。观测值真值条件方程组式（4-1）和式（4-4）中，未知量是观测值真值 $\underset{n1}{\tilde{L}}$，方程组中方程个数为多余观测数 r，且这 r 个方程线性无关，这是一种未知量选取和方程组组成方法。在观测值方程组式（4-3）和式（4-5）中，可将 t 个必要观测元素的真值作为一组参数，因 t 个必要观测元素的真值已经可以确定一个几何模型，故可以把该几何模型中的所有 n 个观测值真值依次表示为这 t 个必要观测元素真值的函数（n 个方程），组成方程组，这又是一种函数模型。除了以上两种基本的函数模型，未知量选取和方程组组成还可以有其他的方法。

在第四章第一节的方程组中，可以看到有简单的线性形式的方程，如式（4-1）中的第一个方程；也有稍复杂的非线性形式的方程，如式（4-1）中的后两个方程。需要说明的是，测量平差通常是基于线性模型的，即平差问题的方程组应该是线性方程组。只有方程是线性的形式，才可以利用矩阵代数方便地解算线性方程组（矩阵方程）。所以，方程组中非线性形式的方程需要对其进行线性化，线性化的方法一般是利用泰勒级数展开的方式进行，将在下节说明。

下文介绍四种基本平差方法的函数模型。

（一）参数平差的函数模型

为了确定一个几何模型，可以找出一组相互独立的 t 个必要观测元素，该几何模型中的任一元素均可由这 t 个必要观测元素表达为一定的函数关系（方程）。

一个平差问题，观测了 n 个观测元素，以 t 个必要观测元素真值作为参数，将每一个

观测元素真值与必要观测元素真值的函数关系(方程)列出,可以列出 n 个方程,称为观测值真值方程。以必要观测元素真值作为未知参数、观测值方程(组)为平差的函数模型,利用最小二乘原理解算方程组得到未知参数的解并进行精度估计,这种平差方法称为参数平差。

在实际问题中,t 个未知参数的选取有其灵活性,可以是 t 个相互独立的必要观测元素,也可以是 t 个相互独立的必要观测元素的函数,因必要观测元素的函数为非直接观测元素,所以这种平差方法也称为间接平差。

在图 4-1 中,为了确定△ABC 的形状(相似形),观测了三个内角 L_1、L_2、L_3,其中,任意 2 个线性无关的观测值的真值可选作未知参数用于确定三角形的形状,可以选定观测值 L_1、L_2 的真值 $\widetilde{L}_1$、$\widetilde{L}_2$ 作为平差未知参数,并记为 $\widetilde{X}_1$、$\widetilde{X}_2$,即

$$\widetilde{\boldsymbol{X}} = \begin{bmatrix}\widetilde{X}_1, & \widetilde{X}_2\end{bmatrix}^{\mathrm{T}}$$

选出 2 个线性无关的参数后,可将每个观测值真值表达为这 2 个参数的函数(方程),本例可列出 3 个观测值方程:

$$\begin{cases}\widetilde{L}_1 = \widetilde{X}_1 \\ \widetilde{L}_2 = \widetilde{X}_2 \\ \widetilde{L}_3 = -\widetilde{X}_1 - \widetilde{X}_2 + 180^\circ\end{cases} \tag{4-7}$$

观测值方程组中方程个数为观测值个数 n。

在例 4-2 中,如果选定 $\widetilde{h}_1$、$\widetilde{h}_2$、$\widetilde{h}_4$ 为一组必要观测元素的真值,将其作为参数 $\widetilde{X}_1$、$\widetilde{X}_2$、$\widetilde{X}_3$,可列出观测值真值方程组:

$$\begin{cases}\widetilde{h}_1 = \widetilde{X}_1 \\ \widetilde{h}_2 = \widetilde{X}_2 \\ \widetilde{h}_3 = \widetilde{X}_1 - \widetilde{X}_2 \\ \widetilde{h}_4 = \widetilde{X}_3 \\ \widetilde{h}_5 = \widetilde{X}_2 - \widetilde{X}_3 \\ \widetilde{h}_6 = \widetilde{X}_1 - \widetilde{X}_3\end{cases} \tag{4-8}$$

例 4-2 中,还可以选定 B、C、D 三个待定点的高程作为平差未知参数,即

$$\underset{31}{\widetilde{\boldsymbol{X}}} = [\widetilde{X}_1, \widetilde{X}_2, \widetilde{X}_3]^{\mathrm{T}} = [\widetilde{H}_B, \widetilde{H}_C, \widetilde{H}_D]^{\mathrm{T}}$$

列出观测值方程组如下:

$$
\begin{cases}
\tilde{h}_1 = \tilde{X}_1 - \tilde{H}_A \\
\tilde{h}_2 = \tilde{X}_1 - \tilde{X}_3 \\
\tilde{h}_3 = \tilde{X}_3 - \tilde{H}_A \\
\tilde{h}_4 = \tilde{X}_1 - \tilde{X}_2 \\
\tilde{h}_5 = \tilde{X}_2 - \tilde{X}_3 \\
\tilde{h}_6 = \tilde{X}_2 - \tilde{H}_A
\end{cases}
\tag{4-9}
$$

可以看出,式(4-9)中的3个独立参数为非直接观测值。

为将此方程组表示为矩阵方程的形式,令

$$
\underset{63}{\boldsymbol{A}} = \begin{bmatrix} 1 & 0 & 0 \\ 1 & 0 & -1 \\ 0 & 0 & 1 \\ 1 & -1 & 0 \\ 0 & 1 & 0 \\ 0 & 1 & 0 \end{bmatrix}, \underset{61}{\boldsymbol{d}} = \begin{bmatrix} -\tilde{H}_A \\ 0 \\ -\tilde{H}_A \\ 0 \\ 0 \\ -\tilde{H}_A \end{bmatrix}
$$

$$
\underset{61}{\tilde{\boldsymbol{L}}} = [\tilde{h}_1, \tilde{h}_2, \tilde{h}_3, \tilde{h}_4, \tilde{h}_5, \tilde{h}_6]^{\mathrm{T}}
$$

则式(4-9)可以表达为矩阵方程组:

$$
\underset{61}{\tilde{\boldsymbol{L}}} = \underset{63}{\boldsymbol{A}}\underset{31}{\tilde{\boldsymbol{X}}} + \underset{61}{\boldsymbol{d}} \tag{4-10}
$$

一般情况下,在参数平差中,如果几何模型有 n 个观测值、t 个必要观测值,选择 t 个独立未知量作为平差参数 $\underset{t1}{\tilde{\boldsymbol{X}}}$,则模型中每个观测量均可表达为这 t 个参数的函数(方程)。其表达形式可记为函数关系式:

$$
\underset{n1}{\tilde{\boldsymbol{L}}} = F(\underset{t1}{\tilde{\boldsymbol{X}}}) \tag{4-11}
$$

如果函数关系是线性的,一般表达为

$$
\underset{n1}{\tilde{\boldsymbol{L}}} = \underset{nt}{\boldsymbol{A}}\underset{t1}{\tilde{\boldsymbol{X}}} + \underset{n1}{\boldsymbol{d}} \tag{4-12}
$$

令 $\tilde{\boldsymbol{L}}=\boldsymbol{L}-\boldsymbol{\Delta}$,$\tilde{\boldsymbol{X}}=\boldsymbol{X}^0+\tilde{\boldsymbol{x}}$,其中 $\boldsymbol{X}^0$ 为参数 $\tilde{\boldsymbol{X}}$ 的近似值(输入参数近似值的目的是简化矩阵方程运算过程),$\tilde{\boldsymbol{x}}$ 可理解为参数 $\tilde{\boldsymbol{X}}$ 的改正数,代入式(4-12),并令自由项

$$
\underset{n1}{\boldsymbol{l}} = \underset{nt}{\boldsymbol{A}}\underset{t1}{\boldsymbol{X}^0} + \underset{n1}{\boldsymbol{d}} - \underset{n1}{\boldsymbol{L}} \tag{4-13}
$$

则有

$$-\underset{n1}{\boldsymbol{\Delta}} = \underset{nt}{\boldsymbol{A}}\underset{t1}{\widetilde{\boldsymbol{x}}} + \underset{n1}{\boldsymbol{l}} \tag{4-14}$$

式(4-12)或式(4-14)就是参数平差的函数模型。

(二)条件平差的函数模型

在例4-1中,为了确定三角形的形状和大小,总的观测值个数为6,若选定3个函数独立元素为必要观测元素,则其他3($r=6-3=3$)个多余观测元素的真值均可表示为3个必要观测元素真值的函数(方程),这r个相互独立的方程称为条件方程(组)。以所有观测量的真值为未知量,条件方程为函数模型,利用最小二乘原理解算条件方程组得到未知量的解并进行精度估计,这种平差方法称为条件平差。

在例4-2中,水准网中A为已知水准点,为了求得A三个待定点高程,观测了6段水准高差,其真值为$\widetilde{h}_1 \sim \widetilde{h}_6$,记为观测值真值向量:

$$\underset{61}{\widetilde{\boldsymbol{L}}} = [\widetilde{h}_1, \widetilde{h}_2, \widetilde{h}_3, \widetilde{h}_4, \widetilde{h}_5, \widetilde{h}_6]^{\mathrm{T}}$$

此问题中,观测值总数$n=6$,必要观测数$t=3$,多余观测数$r=6-3=3$。在例4-2中,选定$\widetilde{h}_1$、$\widetilde{h}_2$、$\widetilde{h}_4$为一组线性无关的必要观测元素的真值后,按每一个多余观测值真值和必要观测值真值的函数关系,可以列出3个线性无关的条件方程:

$$\begin{cases} \widetilde{h}_1 + \widetilde{h}_2 - \widetilde{h}_3 = 0 \\ \widetilde{h}_1 + \widetilde{h}_4 - \widetilde{h}_5 = 0 \\ \widetilde{h}_1 + \widetilde{h}_2 + \widetilde{h}_4 - \widetilde{h}_6 = 0 \end{cases} \tag{4-15}$$

令系数矩阵

$$\underset{36}{\boldsymbol{B}} = \begin{bmatrix} 1 & 1 & -1 & 0 & 0 & 0 \\ 1 & 0 & 0 & 1 & -1 & 0 \\ 1 & 1 & 0 & 1 & 0 & -1 \end{bmatrix}$$

则式(4-15)可表示为矩阵方程:

$$\underset{36}{\boldsymbol{B}}\underset{61}{\widetilde{\boldsymbol{L}}} = 0 \tag{4-16}$$

需要注意,列条件方程组时,方程组中条件方程的形式并不唯一,但条件方程之间应相互独立且条件方程数必须等于多余观测数r,即式(4-16)中的系数矩阵$\boldsymbol{B}$是行满秩矩阵。在式(4-15)中的三个方程之间还可以进行组合,列出更多的条件方程,但其中只有3个方程是线性无关的。对于一个条件平差问题,如果列出的线性条件方程个数大于r,则所列出的某些条件方程之间一定有相关组合关系;如果列出的条件方程数小于r,则说明所有线性无关的条件方程没有全部列出。

在图4-1中,为了确定$\triangle ABC$的形状(相似形),观测了三个内角L_1、L_2、L_3,其中任意2个线性无关的观测值的真值可选作必要观测用于确定三角形的形状,则多余观测数为1,可以列出一个观测值真值条件方程:

$$F(\widetilde{L})=\widetilde{L}_1+\widetilde{L}_2+\widetilde{L}_3-180°=0 \tag{4-17}$$

令

$$\boldsymbol{B}=[1,1,1]$$

$$\widetilde{\boldsymbol{L}}=[\widetilde{L}_1,\widetilde{L}_2,\widetilde{L}_3]^{\mathrm{T}}$$

$$\boldsymbol{B}_0=[-180°]$$

则式(4-17)可记为矩阵方程形式：

$$\boldsymbol{B}\widetilde{\boldsymbol{L}}+\boldsymbol{B}_0=0 \tag{4-18}$$

一般情况下，如果一个平差模型中有 n 个观测值 $\underset{n1}{\boldsymbol{L}}$、$t$ 个必要观测，则应列出 $r=n-t$ 个相互独立的条件方程组成条件方程组，即

$$\boldsymbol{F}(\widetilde{\boldsymbol{L}})=0 \tag{4-19}$$

如果条件方程均为线性形式，可记为矩阵方程：

$$\underset{rn}{\boldsymbol{B}}\underset{n1}{\widetilde{\boldsymbol{L}}}+\underset{r1}{\boldsymbol{B}_0}=0 \tag{4-20}$$

式中：$\underset{r1}{\boldsymbol{B}_0}$ 为常数向量。

将$\underset{n1}{\widetilde{\boldsymbol{L}}}=\underset{n1}{\boldsymbol{L}}-\underset{n1}{\boldsymbol{\Delta}}$代入式(4-20)，并令

$$\underset{r1}{\boldsymbol{W}}=\underset{rn}{\boldsymbol{B}}\underset{n1}{\boldsymbol{L}}+\underset{r1}{\boldsymbol{B}_0} \tag{4-21}$$

则有

$$-\underset{rn}{\boldsymbol{B}}\underset{n1}{\boldsymbol{\Delta}}+\underset{r1}{\boldsymbol{W}}=0 \tag{4-22}$$

式(4-20)及式(4-22)为矩阵方程形式，即为条件平差的函数模型。以条件平差的函数模型为基础的平差方法称为条件平差。

(三)附有限制条件的参数平差的函数模型

在参数平差中，选择 t 个独立必要观测量的真值作为平差参数，可将每一个观测量表达成所选参数的函数(方程)，组成 n 个观测方程。如果在平差问题中，不是选择 t 个独立量作为平差参数，而是选择 u 个参数($u>t$)，且 u 个参数中包含 t 个独立参数。由于模型可以由 t 个独立参数唯一确定，令 $s=u-t$，则 u 个参数中多于 t 个独立参数的有其他 s 个参数，这 s 个参数中的每一个参数必然和 t 个独立参数构成函数关系(方程)，可以列出 s 个参数之间应满足的方程，称这 s 个方程为参数间的限制条件方程。由于 u 个参数中已经包含了 t 个独立参数，与参数平差函数模型一样，可以列立 n 个观测值方程，加上增加的 s 个参数间的限制条件方程，总的方程个数将为 $c=n+s$。以方程组组成形式是包含观测值方程与参数间的限制条件方程的函数模型(矩阵方程)为基础的平差方法，称为附有限制条件的参数平差法。

一般来说，附有限制条件的参数平差的条件方程形式为

$$\begin{cases}\underset{n1}{\widetilde{\boldsymbol{L}}} = \underset{n1}{F}(\underset{u1}{\widetilde{\boldsymbol{X}}}) \\ \underset{s1}{\Phi}(\underset{u1}{\widetilde{\boldsymbol{X}}}) = 0\end{cases} \tag{4-23}$$

其线性形式的函数模型为

$$\begin{cases}-\underset{n1}{\boldsymbol{\Delta}} = \underset{nu}{\boldsymbol{A}}\underset{u1}{\widetilde{\boldsymbol{x}}} + \underset{n1}{\boldsymbol{l}} \\ \underset{su}{\boldsymbol{B}_x}\underset{u1}{\widetilde{\boldsymbol{x}}} + \underset{s1}{\boldsymbol{W}_x} = 0\end{cases} \tag{4-24}$$

（四）附有参数的条件平差的函数模型

设在平差问题中，观测值个数为 n，t 为必要观测数，则可列出 $r(r=n-t)$ 个条件方程。如果在一个平差问题中，因为某些原因，还需选定 u 个独立参数，且 $0<u<t$，则每增加一个参数，将会形成一个参数和观测值真值之间的函数关系（限制条件方程），此时可列出 $c(c=r+u)$ 个条件方程。

【例 4-3】　如图 4-4 所示的平面 $\triangle ABC$，要确定三角形的形状（相似形），观测了三个内角 L_1、L_2、L_3，则 $n=3$、$t=2$、$r=n-t=1$，可列出一个条件方程。若在此问题中又多选了一个 $\widetilde{L}_1$ 作为参数 $\widetilde{X}_1$，则参数 $\widetilde{X}_1$ 可表示为观测值真值的函数（参数间限制条件方程），可以列出 2（$c=r+u=2$）个条件方程［见式（4-25）］。

$$\begin{cases}\widetilde{L}_1 + \widetilde{L}_2 + \widetilde{L}_3 - 180^\circ = 0 \\ \widetilde{L}_1 - \widetilde{X}_1 = 0\end{cases} \tag{4-25}$$

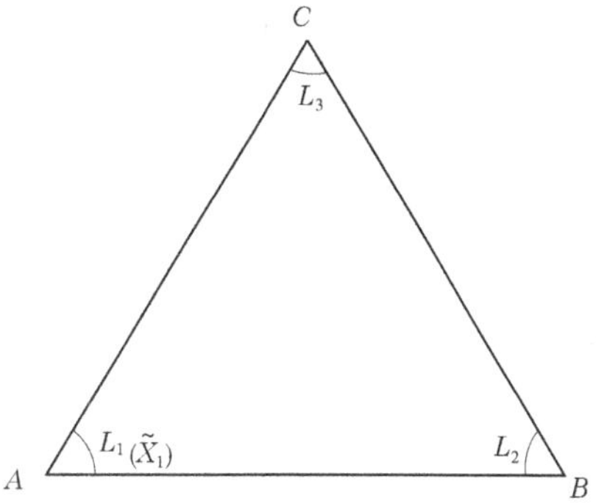

图 4-4　三角形

令

$$\boldsymbol{B} = \begin{bmatrix}1 & 1 & 1 \\ 1 & 0 & 0\end{bmatrix}, \boldsymbol{B}_x = \begin{bmatrix}0 \\ -1\end{bmatrix}, \boldsymbol{B}_0 = \begin{bmatrix}-180^\circ \\ 0\end{bmatrix}$$

则式（4-25）可以写为矩阵方程：

$$\boldsymbol{B}\widetilde{\boldsymbol{L}} + \boldsymbol{B}_x\widetilde{\boldsymbol{X}} + \boldsymbol{B}_0 = 0 \tag{4-26}$$

一般地，在某一平差问题中，观测值个数为 n，必要观测数为 t，多余观测数 $r=n-t$，又多选 u 个独立参数，$0<u<t$，则应列出 $c(c=r+u)$ 个条件方程，一般形式为

$$\underset{c1}{\boldsymbol{F}}\left(\underset{n1}{\widetilde{\boldsymbol{L}}}, \underset{u1}{\widetilde{\boldsymbol{X}}}\right) = 0 \tag{4-27}$$

如果条件方程是线性的，其矩阵形式为

$$\underset{cn}{\boldsymbol{B}}\underset{n1}{\widetilde{\boldsymbol{L}}} + \underset{cu}{\boldsymbol{B}_x}\underset{u1}{\widetilde{\boldsymbol{X}}} + \underset{c1}{\boldsymbol{B}_0} = 0 \tag{4-28}$$

令

$$\begin{cases}\underset{n1}{\widetilde{L}} = \underset{n1}{L} - \underset{n1}{\Delta} \\ \underset{u1}{\widetilde{X}} = \underset{u1}{X^0} + \underset{u1}{\widetilde{x}} \\ \underset{c1}{W} = \underset{cn}{B}\underset{n1}{L} + \underset{cu}{B_x}\underset{u1}{X^0} + \underset{c1}{B_0}\end{cases} \tag{4-29}$$

则式(4-28)变为如下形式：

$$-\underset{cn}{B}\underset{n1}{\Delta} + \underset{cu}{B_x}\underset{u1}{\widetilde{x}} + \underset{c1}{W} = 0 \tag{4-30}$$

式(4-28)和式(4-30)即为附有参数的条件平差的函数模型。以含有参数的条件方程作为平差的函数模型的方法,称为附有参数的条件平差法。其特点是观测量真值和参数同时作为模型中的未知量参与平差,与附有限制条件的参数平差类似,都是参数平差与条件平差的联合运用问题。

二、测量平差的随机模型

随机模型是描述平差问题中随机向量及其相互间统计相关性质的模型。

在偶然误差的特性中已介绍,偶然误差是观测值与观测值真值之差,为服从于正态分布的随机向量。因观测值真值为一客观常向量,所以观测值向量也是一个服从于正态分布的随机向量,描述随机向量的精度指标是方差-协方差矩阵。

对于观测值向量 $L=[L_1, L_2, \cdots, L_n]^{\mathrm{T}}$,随机模型是指 L 的方差-协方差矩阵,简称方差阵或协方差阵。观测值向量 L 的方差阵为

$$\underset{nn}{D} = \sigma_0^2 \underset{nn}{Q} = \sigma_0^2 \underset{nn}{P}^{-1} \tag{4-31}$$

式中:$\underset{nn}{Q}$、$\underset{nn}{P}$ 为观测值 L 的协因数阵及权阵;σ_0^2 为单位权方差。

因

$$L = \widetilde{L} + \Delta, E[\Delta] = 0 \tag{4-32}$$

按方差阵的定义,有

$$D_{LL} = E\{[(\widetilde{L}+\Delta) - E(\widetilde{L}+\Delta)][(\widetilde{L}+\Delta) - E(\widetilde{L}+\Delta)]^{\mathrm{T}}\} = E[\Delta\Delta^{\mathrm{T}}] = D_{\Delta\Delta} \tag{4-33}$$

式(4-33)说明,L 与 Δ 具有相同的方差-协方差阵。

四种基本平差方法的随机模型均为式(4-31)。

三、四种基本平差方法的数学模型

依据函数模型中给出的观测值与未知量之间的函数关系,顾及观测量的统计性质所确定的随机模型,即观测值的方差阵或协因数阵,可按最小二乘原理求出未知量的最佳估值并进行相关向量和观测值函数的精度估计,这就是数学模型的作用。

为了更清楚地显示四种基本平差方法数学模型的特点,将它们的数学模型汇总如下。

(一)参数平差

函数模型为

$$\begin{cases} -\underset{n1}{\boldsymbol{\Delta}} = \underset{nt}{\boldsymbol{A}}\underset{t1}{\tilde{\boldsymbol{x}}} + \underset{n1}{\boldsymbol{l}} \\ \underset{n1}{\boldsymbol{l}} = \underset{nt}{\boldsymbol{A}}\underset{u1}{\boldsymbol{x}^0} + \underset{n1}{\boldsymbol{d}} - \underset{n1}{\boldsymbol{L}} = \underset{n1}{\boldsymbol{L}^0} - \underset{n1}{\boldsymbol{L}}, \underset{t1}{\tilde{\boldsymbol{x}}} = \underset{t1}{\tilde{\boldsymbol{X}}} - \underset{t1}{\boldsymbol{X}^0} \end{cases} \tag{4-34}$$

随机模型为

$$\underset{nn}{\boldsymbol{D}} = \sigma_0^2 \underset{nn}{\boldsymbol{Q}} = \sigma_0^2 \underset{nn}{\boldsymbol{P}^{-1}}$$

式(4-34)称为高斯–马尔柯夫(Gauss-Markoff)模型,简称 G-M 模型。

(二)条件平差

函数模型为

$$\begin{cases} -\underset{rn}{\boldsymbol{B}}\underset{r1}{\boldsymbol{\Delta}} + \underset{r1}{\boldsymbol{W}} = 0 \\ \underset{r1}{\boldsymbol{W}} = \underset{rn}{\boldsymbol{B}}\underset{n1}{\boldsymbol{L}} + \underset{r1}{\boldsymbol{B}_0} \end{cases} \tag{4-35}$$

随机模型为

$$\underset{nn}{\boldsymbol{D}} = \sigma_0^2 \underset{nn}{\boldsymbol{Q}} = \sigma_0^2 \underset{nn}{\boldsymbol{P}^{-1}}$$

(三)附有限制条件的参数平差

函数模型为

$$\begin{cases} -\underset{n1}{\boldsymbol{\Delta}} = \underset{nu}{\boldsymbol{A}}\underset{u1}{\tilde{\boldsymbol{x}}} + \underset{n1}{\boldsymbol{l}} \\ \underset{su}{\boldsymbol{B}_x}\underset{u1}{\tilde{\boldsymbol{x}}} + \underset{s1}{\boldsymbol{W}_x} = 0 \end{cases} \tag{4-36}$$

其中

$$\underset{n1}{\boldsymbol{l}} = \underset{nu}{\boldsymbol{A}}\underset{u1}{\boldsymbol{X}^0} + \underset{n1}{\boldsymbol{d}} - \boldsymbol{L} = \underset{n1}{\boldsymbol{L}^0} - \underset{n1}{\boldsymbol{L}}, \underset{u1}{\tilde{\boldsymbol{x}}} = \underset{u1}{\tilde{\boldsymbol{X}}} - \underset{u1}{\boldsymbol{X}^0}$$

随机模型为

$$\underset{nn}{\boldsymbol{D}} = \sigma_0^2 \underset{nn}{\boldsymbol{Q}} = \sigma_0^2 \underset{nn}{\boldsymbol{P}^{-1}}$$

式(4-36)称为具有约束的高斯–马尔柯夫模型。

(四)附有参数的条件平差

函数模型为

$$\begin{cases} -\underset{cn}{\boldsymbol{B}}\underset{n1}{\boldsymbol{\Delta}} + \underset{cu}{\boldsymbol{B}_x}\underset{u1}{\tilde{\boldsymbol{x}}} + \underset{c1}{\boldsymbol{W}} = 0 \\ \underset{c1}{\boldsymbol{W}} = \underset{cn}{\boldsymbol{B}}\underset{n1}{\boldsymbol{L}} + \underset{cu}{\boldsymbol{B}_x}\underset{u1}{\boldsymbol{X}^0} + \underset{c1}{\boldsymbol{B}_0} \end{cases} \tag{4-37}$$

随机模型为

$$\underset{nn}{\boldsymbol{D}} = \sigma_0^2 \underset{nn}{\boldsymbol{Q}} = \sigma_0^2 \underset{nn}{\boldsymbol{P}^{-1}}$$

以上平差函数模型都是用真误差 $\boldsymbol{\Delta}(\widetilde{\boldsymbol{L}}=\boldsymbol{L}-\boldsymbol{\Delta})$ 和未知量真值 $\widetilde{\boldsymbol{x}}(\widetilde{\boldsymbol{X}}=\boldsymbol{X}^0+\widetilde{\boldsymbol{x}})$ 表达的。由于真值通常是未知的，只能通过参数估计方法对真值及真误差进行最优估计。测量的数据处理中，称为通过平差求出 $-\boldsymbol{\Delta}$ 和 $\widetilde{\boldsymbol{x}}$ 的平差值。定义观测值 $\boldsymbol{L}$ 与未知量 $\boldsymbol{X}$ 的平差值分别为

$$\hat{\boldsymbol{L}}=\boldsymbol{L}+\boldsymbol{V},\hat{\boldsymbol{X}}=\boldsymbol{X}^0+\hat{\boldsymbol{x}} \tag{4-38}$$

$\boldsymbol{V}$ 是 $-\boldsymbol{\Delta}$ 的平差值(最优估计)，称为 $\boldsymbol{L}$ 的改正数向量，简称改正数，也称为残差向量。$\hat{\boldsymbol{x}}$ 为 $\widetilde{\boldsymbol{x}}$ 的平差值，可以理解为它是参数平差值 $\boldsymbol{X}$ 的近似值 $\boldsymbol{X}^0$ 的改正数。

由于观测量及未知量的真值一般是不知道的，在以后各章中阐述平差的基本方法及原理时，平差的函数模型一般是用平差值和改正数代替真值和真误差列出。在这种情况下，基本平差方法函数模型如下：

(1)参数平差。

$$\underset{n1}{\boldsymbol{V}}=\underset{nt}{\boldsymbol{A}}\underset{t1}{\widetilde{\boldsymbol{x}}}+\underset{n1}{\boldsymbol{l}} \tag{4-39}$$

(2)条件平差。

$$\underset{rn}{\boldsymbol{B}}\underset{n1}{\boldsymbol{V}}+\underset{r1}{\boldsymbol{W}}=0 \tag{4-40}$$

(3)附有限制条件的参数平差。

$$\begin{cases}\underset{n1}{\boldsymbol{V}}=\underset{nu}{\boldsymbol{A}}\underset{u1}{\hat{\boldsymbol{x}}}+\underset{nl}{\boldsymbol{l}}\\ \underset{su}{\boldsymbol{B}_x}\underset{u1}{\hat{\boldsymbol{x}}}+\underset{s1}{\boldsymbol{W}_x}=0\end{cases} \tag{4-41}$$

(4)附有参数的条件平差。

$$\underset{cn}{\boldsymbol{B}}\underset{n1}{\boldsymbol{V}}+\underset{cu}{\boldsymbol{B}_x}\underset{u1}{\hat{\boldsymbol{x}}}+\underset{c1}{\boldsymbol{W}}=0 \tag{4-42}$$

第三节　非线性模型的线性化

一个平差问题，首先需要确定采用何种平差方法，然后列出条件方程或观测值方程组，依参数估计理论进行未知量的解算并进行精度估计。由本章例 4-1 和例 4-2 可知，列出的条件方程和观测方程有的是线性的，比如水准网中的方程都是多元一次的线性形式；也有的方程涉及三角函数、幂函数、观测量相乘相除等运算，这些形式都是非线性的函数形式。在计算数学中，利用矩阵代数解算线性方程组是方便的，所以在测量平差计算中，首先需要对列出的非线性形式的方程进行线性化，使其转换为线性方程，以便组成线性方程组(矩阵方程)进行解算。本书第三章第一节中已经介绍了非线性方程线性化的主要方法，即在某点处进行泰勒级数展开，并舍去二次(平方)以上的非线性项，只保留至线性形式的一次项。

基本平差方法函数模型中涉及的未知量为参数向量 $\underset{u1}{\widetilde{X}}$ 和观测值真值向量 $\underset{n1}{\widetilde{L}}$,其一般形式的函数式为

$$\underset{c1}{F} = F(\underset{u1}{\widetilde{X}},\underset{n1}{\widetilde{L}}) \tag{4-43}$$

为将其线性化,在 $\underset{u1}{\widetilde{X}}$ 和 $\underset{n1}{\widetilde{L}}$ 的近似值处展开泰勒级数,因观测值 L 仅含偶然误差,与其真值接近,所以取 L 为 $\underset{n1}{\widetilde{L}}$ 的近似值;参数向量 $\underset{u1}{\widetilde{X}}$ 的近似值 X^0 可依据实际问题选择观测值或利用观测值函数计算得到。

因

$$\widetilde{L} = L - \Delta \tag{4-44}$$

并设

$$\widetilde{X} = X^0 + \widetilde{x} \tag{4-45}$$

将式(4-43)进行泰勒级数展开,保留常数项,取至一次项,舍去二次以上项(因 Δ 和 $\widetilde{x}$ 为微小量,所以展开式中平方以上项和一次项相比为高阶微小量,可以舍去),有

$$F = F(X^0 + \widetilde{x}, L - \Delta) = F(X^0, L) + \left.\frac{\partial F}{\partial \widetilde{X}}\right|_{X^0,L}\widetilde{x} - \left.\frac{\partial F}{\partial \widetilde{L}}\right|_{X^0,L}\Delta \tag{4-46}$$

式中:F 为 $c\times1$ 矩阵;L 为 $n\times1$ 矩阵;$\widetilde{x}$ 为 $u\times1$ 矩阵。根据矩阵函数求导的定义,令

$$\underset{cu}{A} = \left.\frac{\partial F}{\partial \widetilde{X}}\right|_{X^0,L} = \begin{bmatrix} \frac{\partial F_1}{\partial \widetilde{X}_1} & \frac{\partial F_1}{\partial \widetilde{X}_2} & \cdots & \frac{\partial F_1}{\partial \widetilde{X}_u} \\ \frac{\partial F_2}{\partial \widetilde{X}_1} & \frac{\partial F_2}{\partial \widetilde{X}_2} & \cdots & \frac{\partial F_2}{\partial \widetilde{X}_u} \\ \vdots & \vdots & & \vdots \\ \frac{\partial F_c}{\partial \widetilde{X}_1} & \frac{\partial F_c}{\partial \widetilde{X}_2} & \cdots & \frac{\partial F_c}{\partial \widetilde{X}_u} \end{bmatrix}_{X^0,L} \tag{4-47}$$

$$\underset{cn}{B} = \left.\frac{\partial F}{\partial \widetilde{L}}\right|_{X^0,L} = \begin{bmatrix} \frac{\partial F_1}{\partial \widetilde{L}_1} & \frac{\partial F_1}{\partial \widetilde{L}_2} & \cdots & \frac{\partial F_1}{\partial \widetilde{L}_n} \\ \frac{\partial F_2}{\partial \widetilde{L}_1} & \frac{\partial F_2}{\partial \widetilde{L}_2} & \cdots & \frac{\partial F_2}{\partial \widetilde{L}_n} \\ \vdots & \vdots & & \vdots \\ \frac{\partial F_c}{\partial \widetilde{L}_1} & \frac{\partial F_c}{\partial \widetilde{L}_2} & \cdots & \frac{\partial F_c}{\partial \widetilde{L}_n} \end{bmatrix}_{X^0,L} \tag{4-48}$$

偏导数矩阵中的第 i 行为 $\underset{c1}{\boldsymbol{F}}$ 中第 i 个方程对所有相应变量在近似值 $\boldsymbol{X}^0,\boldsymbol{L}$ 处的偏导数值。

则函数 $\underset{c1}{\boldsymbol{F}}$ 的线性形式为

$$\boldsymbol{F} = F(\boldsymbol{X}^0,\boldsymbol{L}) + \boldsymbol{A}\widetilde{\boldsymbol{x}} - \boldsymbol{B}\boldsymbol{\Delta} \tag{4-49}$$

根据以上线性化过程,容易将 4 种基本平差方法中的非线性方程转换为线性方程。

(1)参数平差法。

$$\underset{n1}{\widetilde{\boldsymbol{L}}} = F(\widetilde{\boldsymbol{X}}) = F(\boldsymbol{X}^0) + \boldsymbol{A}\widetilde{\boldsymbol{x}}$$

其中,$\widetilde{\boldsymbol{L}} = \boldsymbol{L} - \boldsymbol{\Delta},\boldsymbol{A} = \left.\dfrac{\partial \boldsymbol{F}}{\partial \widetilde{\boldsymbol{X}}}\right|_{X^0}$,并令

$$\boldsymbol{l} = F(\boldsymbol{X}^0) - \boldsymbol{L} \tag{4-50}$$

可得参数平差函数模型:

$$-\underset{n1}{\boldsymbol{\Delta}} = \underset{nt\,t1}{\boldsymbol{A}\widetilde{\boldsymbol{x}}} + \underset{n1}{\boldsymbol{l}} \tag{4-51}$$

(2)条件平差法。

$$F(\widetilde{\boldsymbol{L}}) = F(\boldsymbol{L}) - \underset{rn\,n1}{\boldsymbol{B}\boldsymbol{\Delta}} = 0$$

其中,$\boldsymbol{B} = \left.\dfrac{\partial \boldsymbol{F}}{\partial \widetilde{\boldsymbol{L}}}\right|_{L}$,并令

$$\underset{r1}{\boldsymbol{W}} = F(\boldsymbol{L})$$

可得条件平差函数模型:

$$-\underset{rn\,r1}{\boldsymbol{B}\boldsymbol{\Delta}} + \underset{r1}{\boldsymbol{W}} = 0 \tag{4-52}$$

(3)附有限制条件的参数平差法。

附有限制条件的参数平差法一般函数式为

$$\begin{cases} \underset{n1}{\widetilde{\boldsymbol{L}}} = F(\underset{u1}{\widetilde{\boldsymbol{X}}}) \\ \Phi(\underset{u1}{\widetilde{\boldsymbol{X}}}) = 0 \end{cases}$$

因为

$$\Phi(\widetilde{\boldsymbol{X}}) = \Phi(\boldsymbol{X}^0) + \left.\frac{\partial \boldsymbol{\Phi}}{\partial \widetilde{\boldsymbol{X}}}\right|_{X^0} = \Phi(\boldsymbol{X}^0) + \underset{su}{\boldsymbol{B}_x}\underset{u1}{\widetilde{\boldsymbol{x}}} = 0$$

式中:

$$\underset{su}{\boldsymbol{B}_x}=\left.\frac{\partial\boldsymbol{\Phi}}{\partial\widetilde{\boldsymbol{X}}}\right|_{X^0}=\begin{bmatrix}\frac{\partial\Phi_1}{\partial\widetilde{X}_1} & \frac{\partial\Phi_1}{\partial\widetilde{X}_2} & \cdots & \frac{\partial\Phi_1}{\partial\widetilde{X}_u}\\ \frac{\partial\Phi_2}{\partial\widetilde{X}_1} & \frac{\partial\Phi_2}{\partial\widetilde{X}_2} & \cdots & \frac{\partial\Phi_2}{\partial\widetilde{X}_u}\\ \vdots & \vdots & & \vdots\\ \frac{\partial\Phi_s}{\partial\widetilde{X}_1} & \frac{\partial\Phi_s}{\partial\widetilde{X}_2} & \cdots & \frac{\partial\Phi_s}{\partial\widetilde{X}_u}\end{bmatrix}_{X^0} \tag{4-53}$$

令

$$\boldsymbol{W}_x=\Phi(\boldsymbol{X}^0) \tag{4-54}$$

根据式(4-51),其函数模型为

$$\begin{cases}-\underset{n1}{\boldsymbol{\Delta}}=\underset{nt}{\boldsymbol{A}}\underset{t1}{\widetilde{\boldsymbol{x}}}+\underset{n1}{\boldsymbol{l}}\\ \underset{su}{\boldsymbol{B}_x}\underset{u1}{\widetilde{\boldsymbol{x}}}+\underset{s1}{\boldsymbol{W}_x}=0\end{cases} \tag{4-55}$$

(4)附有参数的条件平差法。

与以上推导类似,不难得出附有参数的条件平差法函数模型为

$$\begin{cases}-\underset{cn}{\boldsymbol{B}}\underset{n1}{\boldsymbol{\Delta}}+\underset{cu}{\boldsymbol{B}_x}\underset{u1}{\widetilde{\boldsymbol{x}}}+\underset{c1}{\boldsymbol{W}}=0\\ \boldsymbol{W}=F(\boldsymbol{X}^0,\boldsymbol{L})\end{cases} \tag{4-56}$$

第四节　参数估计与最小二乘原理

一、参数估计

在测量实践中,对一个几何量如角度、距离的观测,如果只观测一次,可以得到一个观测值,为了保证观测不发生错误,必须进行更多次的观测,即进行多余观测。由于观测值都是带有偶然误差的值,所以即使对同一个几何量进行观测,也会发现观测值之间有微小差异,这种差异是正常的。

从数理统计的角度来看,观测就是对被观测量总体的随机抽样。被观测量的总体信息通常是未知的,如总体均值(统计真值)未知、总体方差未知等,人们所能做的只能是对总体进行有限次的观测(抽取容量为 n 的子样),利用子样观测值依参数估计方法估计人们关心的总体信息(参数)。

在概率论与数理统计中，已经学习了和正态分布有关的参数估计方法。比如用子样矩估计总体矩的矩估计法，该方法中可用子样均值 $\bar{x}=\frac{1}{n}\sum_{i=1}^{n}x_i$ 估计总体均值 μ（一阶原点矩），用子样方差 $s^2=\frac{1}{n-1}\sum_{i=1}^{n}(x_i-\bar{x})^2$ 估计总体方差 σ^2（二阶中心矩），它们分别是总体均值和总体方差的无偏估计。

极大似然估计也是一种重要的参数估计方法。构造极大似然估计量的基本思想是，既然在实验当中得到了一个抽样结果（子样），那么子样落在该子样邻域内的概率应该很大。由此构造极大似然函数，进而求得极大似然估计量。

因为不同估计量均由子样得到，而子样为随机变量，则估计量同样具有随机性。估计量的优劣也需要进行比较，在数理统计的学习中给出了估计量的一些评选标准，如果估计量满足无偏性、有效性和一致性，那么该估计量称为最优估计。

二、最小二乘原理

1801 年 1 月 1 日，意大利天文学家 G. Piazzi 发现了谷神星，他在 6 个星期中跟踪观测这颗小行星，由于谷神星之后开始于白昼运行，受到阳光的影响，对这颗小行星的观测从此中断了。许多天文学家预测了谷神星的轨道，德国数学家高斯也发表了一个同其他预测有较大差异的预测。谷神星在 1801 年 12 月和 1802 年 1 月被两个观测者相继发现，这两次观测情况和高斯预测的位置十分接近，高斯正是应用最小二乘法计算预测了谷神星的轨道。

测量中的观测值是服从于正态分布的随机向量，最小二乘原理可由极大似然估计导出。

设观测值向量为 $\boldsymbol{L}$，$\boldsymbol{L}$ 为正态随机向量，其数学期望阵和方差阵分别为

$$\boldsymbol{\mu}_L=E(\boldsymbol{L})=\begin{bmatrix}\mu_1\\ \mu_2\\ \vdots\\ \mu_n\end{bmatrix}_{n\times 1},\boldsymbol{D}=\boldsymbol{D}_{LL}=\begin{bmatrix}\sigma_1^2 & \sigma_{12} & \cdots & \sigma_{1n}\\ \sigma_{21} & \sigma_2^2 & \cdots & \sigma_{2n}\\ \vdots & \vdots & \ddots & \vdots\\ \sigma_{n1} & \sigma_{n2} & \cdots & \sigma_n^2\end{bmatrix}_{n\times n}$$

由极大似然估计准则和正态随机向量的联合概率密度函数组成的极大似然函数为

$$G=\frac{1}{(2\pi)^{n/2}|\boldsymbol{D}|^{1/2}}\mathrm{e}^{\left[-\frac{1}{2}(\boldsymbol{L}-\boldsymbol{\mu}_L)^{\mathrm{T}}\boldsymbol{D}^{-1}(\boldsymbol{L}-\boldsymbol{\mu}_L)\right]} \tag{4-57}$$

两端取常用对数：

$$\ln G=-\ln[(2\pi)^{n/2}|\boldsymbol{D}|^{1/2}]\left[-\frac{1}{2}(\boldsymbol{L}-\boldsymbol{\mu}_L)^{\mathrm{T}}\boldsymbol{D}^{-1}(\boldsymbol{L}-\boldsymbol{\mu}_L)\right] \tag{4-58}$$

式(4-58)中观测值的真值向量 $\boldsymbol{\mu}_L$ 通常是不知道的，我们也不可能对被观测量进行无穷次的观测求得其理论平均值（统计真值），测量实践中只能进行有限次观测，利用参数估计方法对 $\boldsymbol{\mu}_L$ 进行最优估计。

按极大似然估计的要求，应选取能使式(4-58)取得极大值的估计量作为 $\boldsymbol{\mu}_L$ 的估计

量，把该估计量记为 $\hat{\boldsymbol{L}}$，称为观测值的平差值向量，平差值向量应是对真值向量的最优估计。

令

$$\hat{\boldsymbol{L}} = \boldsymbol{L} + \boldsymbol{V} \tag{4-59}$$

式中：$\boldsymbol{V}$ 为改正值向量或残差向量。显然改正值向量 $\boldsymbol{V}$ 是对真误差向量 $\boldsymbol{\Delta}$ 的估计量。

预使式(4-58)取得极大值，因等式右端第一项为常量，第二项为负值，所以只有第二项取极小值时，极大似然函数 $\ln G$ 才能取得极大值。因此，由极大似然估计求得的改正值向量 $\boldsymbol{V}$ 必须满足条件：

$$\boldsymbol{V}^{\mathrm{T}}\boldsymbol{D}^{-1}\boldsymbol{V} = \min \tag{4-60}$$

因 $\boldsymbol{D}=\sigma_0^2\boldsymbol{P}^{-1}$，式(4-60)等价于

$$\boldsymbol{V}^{\mathrm{T}}\boldsymbol{P}\boldsymbol{V} = \min \tag{4-61}$$

式(4-61)即为由极大似然估计导出的最小二乘原理。

第五章　参数平差

第一节　参数平差原理

第四章已述及,确定一个测量控制网几何模型的必要观测数为 t 个,这 t 个必要观测元素之间线性无关。既然该几何模型可由 t 个必要观测元素的真值唯一确定,那么该几何模型中的任何一个几何量如角度、距离、高差、方位角、点位坐标的真值等均可由这 t 个必要观测元素真值经函数关系计算导出。

可以从 t 个必要观测元素出发,确定 t 个线性无关的未知参数,把每一个观测值用这 t 个参数线性表示,列出一个线性方程(非线性方程应进行线性化),那么,有 n 个观测值就可以列出 n 个方程组成的线性方程组,并将其表示为矩阵方程的形式,依最小二乘原理解算该方程组,求得未知参数估值即为参数平差法。在参数的选择问题上,既可以选定 t 个相互独立的直接观测值的真值(平差值)作为参数,也可以选择 t 个相互独立的非直接观测值的函数,如平面坐标平差值、高程平差值作为参数,所以参数平差法也称作间接平差法。

一、观测值方程和误差方程

参数平差中,选定了 t 个参数 $\underset{t1}{\widetilde{\boldsymbol{X}}}$ 后,观测值真值向量 $\underset{n1}{\widetilde{\boldsymbol{L}}}$ 即可表达为这 t 个参数的函数,根据式(4-12),参数平差的函数模型为

$$\underset{n1}{\widetilde{\boldsymbol{L}}} = \underset{nt}{\boldsymbol{A}}\underset{t1}{\widetilde{\boldsymbol{X}}} + \underset{n1}{\boldsymbol{d}} \tag{5-1}$$

式(5-1)称为观测值方程。

因

$$\widetilde{\boldsymbol{L}} = \boldsymbol{L} - \boldsymbol{\Delta}$$

可得式(5-1)的纯量形式为

$$\begin{cases} L_1 - \Delta_1 = a_{11}\widetilde{X}_1 + a_{12}\widetilde{X}_2 + \cdots + a_{1t}\widetilde{X}_t + d_1 \\ L_2 - \Delta_2 = a_{21}\widetilde{X}_1 + a_{22}\widetilde{X}_2 + \cdots + a_{2t}\widetilde{X}_t + d_2 \\ \qquad\vdots \\ L_n - \Delta_n = a_{n1}\widetilde{X}_1 + a_{n2}\widetilde{X}_2 + \cdots + a_{nt}\widetilde{X}_t + d_n \end{cases} \tag{5-2}$$

因未知参数真值和真误差通常是未知的,所以在实际平差问题中,人们只能以有限的

观测次数,利用最小二乘法求得参数平差值向量$\underset{t1}{\hat{\boldsymbol{X}}}$和残差向量$\underset{t1}{\boldsymbol{V}}$,此时观测值方程记为

$$\underset{n1}{\hat{\boldsymbol{L}}}=\underset{nt}{\boldsymbol{A}}\underset{t1}{\hat{\boldsymbol{X}}}+\underset{n1}{\boldsymbol{d}} \tag{5-3}$$

参数平差时,为了简化矩阵自由项,通常需要对参数$\underset{t1}{\hat{\boldsymbol{X}}}$取近似值$\underset{t1}{\boldsymbol{X}^0}$,令

$$\hat{\boldsymbol{X}}=\boldsymbol{X}^0+\hat{\boldsymbol{x}} \tag{5-4}$$

又记观测值平差值为

$$\hat{\boldsymbol{L}}=\boldsymbol{L}+\boldsymbol{V} \tag{5-5}$$

将式(5-4)及式(5-5)代入式(5-3),并令

$$\boldsymbol{l}=(\boldsymbol{A}\boldsymbol{X}^0+\boldsymbol{d})-\boldsymbol{L}=\boldsymbol{L}^0-\boldsymbol{L} \tag{5-6}$$

可得

$$\boldsymbol{V}=\boldsymbol{A}\hat{\boldsymbol{x}}+\boldsymbol{l} \tag{5-7}$$

式(5-6)及式(5-7)中定义的矩阵分别为

$$\underset{nt}{\boldsymbol{A}}=\begin{bmatrix} a_{11} & a_{12} & \cdots & a_{1t} \\ a_{21} & a_{22} & \cdots & a_{2t} \\ \vdots & \vdots & & \vdots \\ a_{n1} & a_{n2} & \cdots & a_{nt} \end{bmatrix}$$

$$\underset{n1}{\boldsymbol{V}}=[v_1,v_2,\cdots,v_n]^{\mathrm{T}}$$

$$\underset{t1}{\hat{\boldsymbol{x}}}=[\hat{x}_1,\hat{x}_2,\cdots,\hat{x}_t]^{\mathrm{T}}$$

$$\underset{n1}{\boldsymbol{l}}=[l_1,l_2,\cdots,l_n]^{\mathrm{T}}$$

$$\underset{n1}{\boldsymbol{L}}=[L_1,L_2,\cdots,L_n]^{\mathrm{T}}$$

$$\underset{n1}{\boldsymbol{d}}=[d_1,d_2,\cdots,d_n]^{\mathrm{T}}$$

$$\underset{n1}{\boldsymbol{L}^0}=[L_1^0,L_2^0,\cdots,L_n^0]^{\mathrm{T}}$$

上述列矩阵记为行矩阵的转置,仅为排版方便。

式(5-7)的纯量形式为

$$\begin{cases} v_1=a_{11}\hat{x}_1+a_{12}\hat{x}_2+\cdots+a_{1t}\hat{x}_t+l_1 \\ v_2=a_{21}\hat{x}_1+a_{22}\hat{x}_2+\cdots+a_{2t}\hat{x}_t+l_2 \\ \qquad\vdots \\ v_n=a_{n1}\hat{x}_1+a_{n2}\hat{x}_2+\cdots+a_{nt}\hat{x}_t+l_n \end{cases} \tag{5-8}$$

其中:

$$l_i=(a_{i1}X_1^0+a_{i2}X_2^0+\cdots+a_{it}X_t^0+d_i)-L_i \quad (i=1,2,\cdots,n) \tag{5-9}$$

式(5-7)表示的矩阵方程即为参数平差的函数模型,该矩阵方程称为误差方程,方程组中的$\boldsymbol{l}$为常量阵,称为自由项。

【例 5-1】 如图 5-1 所示,要确定一个平面$\triangle ABC$的形状(相似形),观测了三个内角

L_1、L_2、L_3，它们的真值为 $\tilde{L}_1$、$\tilde{L}_2$、$\tilde{L}_3$，显然，该三角形的形状可由 $\tilde{L}_1$、$\tilde{L}_2$、$\tilde{L}_3$ 中的任意两个相互独立的角度真值确定，故本例中必要观测数 $t=2$，可令 $\tilde{X}_1=\tilde{L}_1$，$\tilde{X}_2=\tilde{L}_2$ 作为参数，每个观测值真值 $\tilde{L}_i$ 均可表达为 $\underset{21}{\tilde{\boldsymbol{X}}}=(\tilde{X}_1,\tilde{X}_2)^{\mathrm{T}}$ 的函数(方程)。

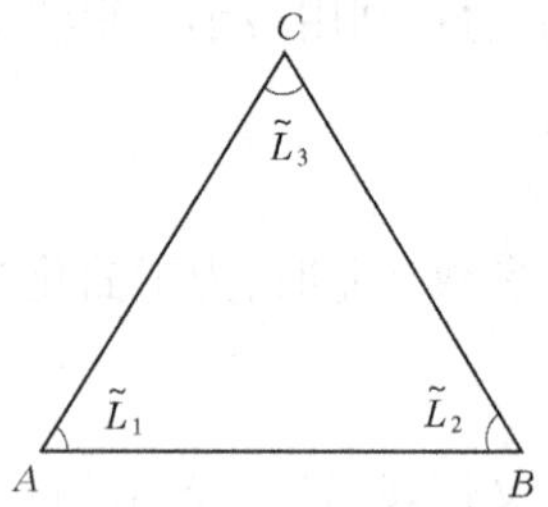

图 5-1　三角形

$$\tilde{L}_1 = L_1 + \Delta_1 = \tilde{X}_1$$

$$\tilde{L}_2 = L_2 + \Delta_2 = \tilde{X}_2$$

$$\tilde{L}_3 = L_3 + \Delta_3 = -\tilde{X}_1 - \tilde{X}_2 + 180°$$

将方程组表示为矩阵方程：

$$\underset{31}{\hat{\boldsymbol{L}}} = \underset{32}{\boldsymbol{A}}\underset{21}{\hat{\boldsymbol{X}}} + \underset{31}{\boldsymbol{d}}$$

具体形式为

$$\begin{bmatrix} \tilde{L}_1 \\ \tilde{L}_2 \\ \tilde{L}_3 \end{bmatrix} = \begin{bmatrix} 1 & 0 \\ 0 & 1 \\ -1 & -1 \end{bmatrix} \begin{bmatrix} \tilde{X}_1 \\ \tilde{X}_2 \end{bmatrix} + \begin{bmatrix} 0 \\ 0 \\ 180° \end{bmatrix}$$

在例 5-1 方程组(矩阵方程)中，通常不能确定参数真值 $\tilde{\boldsymbol{X}}$、角度真值 $\tilde{\boldsymbol{L}}$ 及真误差 $\boldsymbol{\Delta}$，只能依最小二乘估计求得其最优估值(平差值)。因此，将方程组改写为

$$\hat{L}_1 = L_1 + v_1 = \hat{X}_1$$

$$\hat{L}_2 = L_2 + v_2 = \hat{X}_2$$

$$\hat{L}_3 = L_3 + v_3 = -\hat{X}_1 - \hat{X}_2 + 180°$$

或

$$v_1 = \hat{X}_1 - L_1$$

$$v_2 = \hat{X}_2 - L_2$$

$$v_3 = -\hat{X}_1 - \hat{X}_2 + 180° - L_3$$

矩阵方程形式为

$$\underset{31}{\boldsymbol{V}} = \underset{32}{\boldsymbol{A}}\underset{21}{\hat{\boldsymbol{X}}} + \underset{31}{\boldsymbol{l}}$$

具体形式为

$$\begin{bmatrix} v_1 \\ v_2 \\ v_3 \end{bmatrix} = \begin{bmatrix} 1 & 0 \\ 0 & 1 \\ -1 & -1 \end{bmatrix} \begin{bmatrix} \widetilde{X}_1 \\ \widetilde{X}_2 \end{bmatrix} + \begin{bmatrix} -L_1 \\ -L_2 \\ 180° - L_3 \end{bmatrix}$$

上式即为参数平差的误差方程,考察该矩阵方程的自由项,可以看到自由项中常数为角度,在矩阵运算时很不方便,所以在参数平差中,通常需要输入参数近似值以便简化自由项向量,可以从本节参数平差示例 5-2 中看到输入参数近似值的作用。

在上文列出的参数平差函数模型中可以看出,方程组中未知参数具有随机性。为了满足方程,如果改正值向量 $\underset{n1}{\boldsymbol{V}}$ 有不同的数值组合,相应的未知参数$\underset{t1}{\hat{\boldsymbol{x}}}$ 也将有不同的解,最小二乘估计要求根据误差方程,以 $\boldsymbol{V}^{\mathrm{T}}\boldsymbol{PV}=\min$ 为条件,求出未知参数的最佳估值。

二、未知参数的最小二乘解——法方程及其解

在式(5-7)和式(5-8)中,方程组包括 n 个误差方程,方程组中的未知量为 t 个未知参数$\underset{t1}{\hat{\boldsymbol{x}}}$ 和 n 个观测值改正数 $\underset{n1}{\boldsymbol{V}}$,故未知量个数为 $n+t$ 个,大于方程个数 n,由线性代数线性方程组的解知,该方程组有无穷多解。为了得到未知量的最优估计,依据最小二乘理论,可在 $\boldsymbol{V}^{\mathrm{T}}\boldsymbol{PV}=\min$ 的条件下求得参数$\underset{t1}{\hat{\boldsymbol{x}}}$ 的最优估值,在数学上这是一个求多元函数极值的问题。

由参数平差函数模型式(5-7)可知,$\boldsymbol{V}^{\mathrm{T}}\boldsymbol{PV}$ 为参数向量$\underset{t1}{\hat{\boldsymbol{x}}}$ 的函数,欲求 $\boldsymbol{V}^{\mathrm{T}}\boldsymbol{PV}$ 的极小值,可将其对$\underset{t1}{\hat{\boldsymbol{x}}}$ 求导,并令其为 0。$\boldsymbol{V}$ 为列矩阵,$\boldsymbol{PV}$ 也为列矩阵,且均为参数向量$\underset{t1}{\hat{\boldsymbol{x}}}$ 的函数,根据一个列矩阵转置和另一列矩阵相乘求导的定理(在此不加证明,请有兴趣的读者参考矩阵代数相关内容),可得

$$\frac{\partial \boldsymbol{V}^{\mathrm{T}}\boldsymbol{PV}}{\partial \hat{\boldsymbol{x}}} = \boldsymbol{V}^{\mathrm{T}}\frac{\partial(\boldsymbol{PV})}{\partial \hat{\boldsymbol{x}}} + (\boldsymbol{PV})^{\mathrm{T}}\frac{\partial \boldsymbol{V}}{\partial \hat{\boldsymbol{x}}} = 2\boldsymbol{V}^{\mathrm{T}}\boldsymbol{P}\frac{\partial \boldsymbol{V}}{\partial \hat{\boldsymbol{x}}} = 2\boldsymbol{V}^{\mathrm{T}}\boldsymbol{PA} = 0$$

转置后得

$$\boldsymbol{A}^{\mathrm{T}}\boldsymbol{PV} = 0 \tag{5-10}$$

式(5-7)和式(5-10)中的待求量是 n 个观测值改正数 $\underset{n1}{\boldsymbol{V}}$ 和 t 个未知参数$\underset{t1}{\hat{\boldsymbol{x}}}$,而方程个数也是 $n+t$ 个,有唯一解,称此两式为参数平差的基础方程。

基础方程的解,是将 $\underset{n1}{\boldsymbol{V}}=\underset{nt}{\boldsymbol{A}}\,\underset{t1}{\tilde{\boldsymbol{x}}}+\underset{n1}{\boldsymbol{l}}$ 代入式(5-10)中,可消去 $\underset{n1}{\boldsymbol{V}}$,得

$$\boldsymbol{A}^{\mathrm{T}}\boldsymbol{PA}\hat{\boldsymbol{x}} + \boldsymbol{A}^{\mathrm{T}}\boldsymbol{Pl} = 0 \tag{5-11}$$

令

$$\boldsymbol{A}^{\mathrm{T}}\boldsymbol{PA} = \boldsymbol{N},\boldsymbol{A}^{\mathrm{T}}\boldsymbol{Pl} = \boldsymbol{U} \tag{5-12}$$

式(5-11)可简写为

$$\underset{tt}{\boldsymbol{N}}\,\underset{t1}{\hat{\boldsymbol{x}}} + \underset{t1}{\boldsymbol{U}} = \underset{t1}{0} \tag{5-13}$$

式(5-11)及式(5-13)即为参数平差的法方程。

参数平差法方程组中，方程个数为 t 个，未知数个数也为 t 个，未知数个数和方程个数相等，可求得未知参数的固定解，此种方程也称之为正规方程。事实上，法方程系数矩阵 $\boldsymbol{N}=\boldsymbol{A}^{\mathrm{T}}\boldsymbol{PA}$ 中，$\boldsymbol{A}$ 为列满秩矩阵，其秩为 t，权阵 $\boldsymbol{P}$ 为满秩对称方阵，$\boldsymbol{A}^{\mathrm{T}}\boldsymbol{PA}$ 为秩为 t 的满秩对称方阵，其逆阵存在，可解出

$$\hat{\boldsymbol{x}}=-\boldsymbol{N}^{-1}\boldsymbol{U} \tag{5-14}$$

式(5-14)即为参数平差法方程的解，求出解向量 $\hat{\boldsymbol{x}}$ 后，即可由式(5-7)求得改正数向量 $\boldsymbol{V}$，进而求得观测值向量的最或然值 $\hat{\boldsymbol{L}}$。

在测量的实际问题中，观测值常是相互独立的，或者近似认为其是相互独立的，此时观测值权阵 $\boldsymbol{P}$ 定义为对角阵，法方程的纯量形式为

$$\begin{cases}[pa_1a_1]\hat{x}_1+[pa_1a_2]\hat{x}_1+\cdots+[pa_1a_t]\hat{x}_1=[pa_1l]\\ [pa_2a_1]\hat{x}_1+[pa_2a_2]\hat{x}_1+\cdots+[pa_2a_t]\hat{x}_1=[pa_2l]\\ \vdots\\ [pa_ta_1]\hat{x}_1+[pa_ta_2]\hat{x}_1+\cdots+[pa_ta_t]\hat{x}_1=[pa_tl]\end{cases} \tag{5-15}$$

式中：$\boldsymbol{a}_i$ 为观测方程系数矩阵 $\boldsymbol{A}$ 中的第 i 个列向量。

三、参数平差计算步骤及示例

参数平差的计算步骤归纳如下：

(1)根据平差问题的性质，选择 t 个独立量作为未知参数，t 等于必要观测数。

(2)输入参数近似值，依次列出每一个观测值和未知参数的函数关系(方程)，形成 n 个误差方程组成的矩阵方程[见式(5-7)]。

(3)依误差方程组成法方程[见式(5-13)]，法方程的个数等于参数个数 t。

(4)解算法方程，求出未知参数估值向量 $\hat{\boldsymbol{x}}$，计算参数的平差值 $\hat{\boldsymbol{X}}=\boldsymbol{X}^0+\hat{\boldsymbol{x}}$。

(5)由误差方程计算改正值向量 $\boldsymbol{V}$，求出观测量的平差值 $\hat{\boldsymbol{L}}=\boldsymbol{L}+\boldsymbol{V}$。

(6)精度评定(在本章第三节讨论)。

【例 5-2】 如图 5-1 所示，为确定三角形的形状(相似形)，等精度观测了平面 $\triangle ABC$ 的 3 个内角，观测值分别为 $L_1=37°11'36''$，$L_2=110°49'07''$，$L_3=31°59'02''$，试按参数平差法求各观测角的平差值。

解： 本例中，必要观测数 $n=2$，故需要选择两个独立的未知参数。

(1)选定 $\hat{X}_1=\widetilde{L}_1$，$\hat{X}_2=\widetilde{L}_2$，则可以列出观测方程：

$$\begin{cases}\hat{L}_1=L_1+v_1=\widetilde{X}_1\\ \hat{L}_2=L_2+v_2=\widetilde{X}_2\\ \hat{L}_3=L_3+v_3=-\widetilde{X}_1-\widetilde{X}_2+180°\end{cases}$$

(2)输入参数近似值,令 $\hat{X}_1=X_1^0+\hat{x}_1,\hat{X}_2=X_2^0+\hat{x}_2$,其中 $X_1^0=L_1,X_2^0=L_2$,代入观测方程,得到误差方程:

$$\begin{cases}v_1=\hat{x}_1\\v_2=\hat{x}_2\\v_3=-\hat{x}_1-\hat{x}_2+15''\end{cases}$$

其系数矩阵和常数项矩阵为

$$\boldsymbol{A}=\begin{bmatrix}1&0\\0&1\\-1&-1\end{bmatrix},\boldsymbol{l}=\begin{bmatrix}0\\0\\15''\end{bmatrix}$$

(3)组成法方程。

观测值为独立观测值,所以观测值的权阵 $\boldsymbol{P}$ 为对角阵,组成法方程。

$$\begin{bmatrix}2&1\\1&2\end{bmatrix}\begin{bmatrix}\hat{x}_1\\\hat{x}_2\end{bmatrix}+\begin{bmatrix}-15''\\-15''\end{bmatrix}=0$$

(4)解算法方程,即可求得未知参数的改正数 $\hat{\boldsymbol{x}}$,进而求出参数 $\hat{\boldsymbol{X}}$。

$$\begin{bmatrix}\hat{x}_1\\\hat{x}_2\end{bmatrix}=\begin{bmatrix}5''\\5''\end{bmatrix}$$

$$\begin{bmatrix}\hat{X}_1\\\hat{X}_2\end{bmatrix}=\begin{bmatrix}X_1^0+\hat{x}_1\\X_2^0+\hat{x}_1\end{bmatrix}=\begin{bmatrix}37°11'41''\\110°49'12''\end{bmatrix}$$

(5)求观测值平差值。

$$\hat{L}_1=\hat{X}_1=37°11'41'',\hat{L}_2=\hat{X}_2=110°49'12'',\hat{L}_3=31°59'07''$$

从本例中可以看出,输入参数近似值可以简化自由项,方便矩阵运算。

第二节 误差方程

按参数平差法进行平差计算,关键在于列误差方程。在参数平差中,误差方程的个数等于观测值的个数 n,所选参数的个数等于必要观测数 t,且要求参数间相互独立,即参数间不存在函数关系。

一、水准网误差方程式

水准网平差的目的主要是确定网中待定点的高程平差值。水准网是一维网,当水准网中有已知高程点时,要确定待定点高程,必要观测数就等于网中待定点个数。如果水准网中没有已知点,必要观测数就等于全部水准点个数减去 1。

参数平差时,如果水准网选择待定点的高程平差值为未知参数,平面网(测角网、测边网及边角网)选择待定点的平面坐标平差值为未知参数,则这种以待定点坐标为未知参数的参数平差称为按坐标平差。

水准网按参数平差法,一般选择待定点的高程平差值作为参数,它们之间总是函数独立的。列误差方程及解算的基本步骤一般如下:

(1)根据平差问题的性质,确定必要观测数。

(2)选取 t 个待定点的高程平差值作为未知参数。为了计算方便,根据观测高差和适当推算路线确定参数近似值。

(3)列观测值方程,进一步得到用改正数表示的误差方程。

(4)在此基础上,组成法方程,求解未知参数、观测值平差值。

二、平面三角网误差方程式

(一)按方向坐标平差中方向观测值的误差方程

如图 5-2 所示,其中 j 为测站点,k、h 为照准点,L_{jh}、L_{jk} 为方向观测值。j_0 方向是测站;在观测时的度盘置零方向(非观测值),Z_j 为测站 j 上零方向的方位角,称为定向角参数。

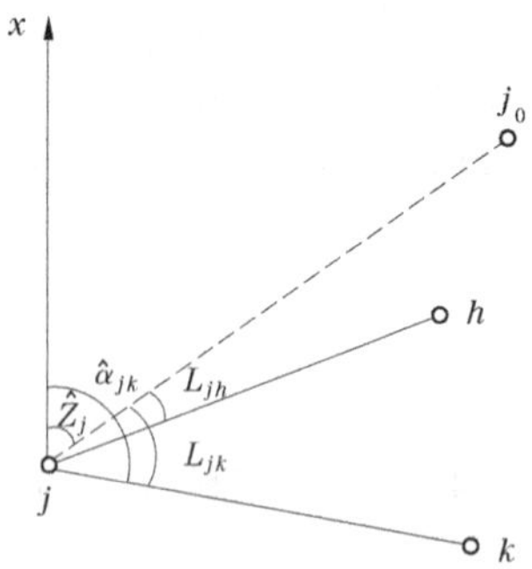

图 5-2 方向观测

在测方向三角网中,每一个测站都有一个定向角参数,用于确定各方向观测值在平面坐标系中的固定方位(角),它们是测方向网参数平差中的未知参数。设测站 j 定向角平差值为 $\hat{Z}_j$。由图 5-2 有

$$L_{jk} + v_{jk} = \hat{\alpha}_{jk} - \hat{Z}_j \tag{5-16}$$

则 jk 方向的误差方程为

$$v_{jk} = -\hat{Z}_j + \hat{\alpha}_{jk} - L_{jk} \tag{5-17}$$

式中:$\hat{\alpha}_{jk}$ 为 jk 方向的方位角的平差值。

三角网参数平差中,通常选取各待定点坐标平差值为待定参数,这些待定点的近似坐标可由已知起算数据和观测值根据一定路线按交会定点相关公式推算得出,求近似坐标的目的是为待定参数提供近似值,另外可以建立坐标和方位角及边长之间的函数关系(坐标反算公式)。设 j、k 两点均为待定点,求得它们的近似坐标为 (X_j^0, Y_j^0) 和 (X_k^0, Y_k^0),根据这些近似坐标可以计算 j、k 两点间的近似坐标方位角 a_{jk}^0、近似边长 S_{jk}^0 以及定向角的近似值 Z_j^0。每个测站的 Z_j^0 取一平均值,计算公式为

$$Z_j^0 = \frac{\sum_{k=1}^{n_j} (\alpha_{jk}^0 - L_{jk})}{n_j} \tag{5-18}$$

式中:n_j 为测站 j 上的观测方向数。

设两点的近似坐标改正数平差值为 $\hat{x}_j, \hat{y}_j$ 和 $\hat{x}_k, \hat{y}_k$,即

$$\begin{cases}\hat{X}_j = X_j^0 + \hat{x}_j \\ \hat{Y}_j = Y_j^0 + \hat{y}_j\end{cases},\begin{cases}\hat{X}_k = X_k^0 + \hat{x}_k \\ \hat{Y}_k = Y_k^0 + \hat{y}_k\end{cases} \tag{5-19}$$

现求坐标改正数 $\hat{x}_j,\hat{y}_j$ 和 $\hat{x}_k,\hat{y}_k$ 与坐标方位角改正数 $\delta\hat{\alpha}_{jk}$ 之间的线性函数表达式。

根据平面坐标反算坐标方位角公式,可得

$$\hat{\alpha}_{jk} = \arctan\frac{(Y_k^0 + \hat{y}_k) - (Y_j^0 + \hat{y}_j)}{(X_k^0 + \hat{x}_k) - (X_j^0 + \hat{x}_j)} \tag{5-20}$$

为将其变换为线性形式,现对式(5-20)进行全微分,则方位角的改正数关系式为

$$\delta\hat{\alpha}_{jk} = \left(\frac{\partial\hat{\alpha}_{jk}}{\partial\hat{X}_j}\right)_0 \hat{x}_j + \left(\frac{\partial\hat{\alpha}_{jk}}{\partial\hat{Y}_j}\right)_0 \hat{y}_j + \left(\frac{\partial\hat{\alpha}_{jk}}{\partial\hat{X}_k}\right)_0 \hat{x}_k + \left(\frac{\partial\hat{\alpha}_{jk}}{\partial\hat{Y}_k}\right)_0 \hat{y}_k \tag{5-21}$$

其中:

$$\left(\frac{\partial\hat{\alpha}_{jk}}{\partial\hat{X}_j}\right)_0 = \frac{\dfrac{Y_k^0 - Y_j^0}{(X_k^0 - X_j^0)^2}}{1 + \left(\dfrac{Y_k^0 - Y_j^0}{X_k^0 - X_j^0}\right)^2} = \frac{Y_k^0 - Y_j^0}{(Y_k^0 - Y_j^0)^2 + (X_k^0 - X_j^0)^2} = \frac{\Delta Y_{jk}^0}{(S_{jk}^0)^2} \tag{5-22}$$

式中:S_{jk}^0 为 k_j 边近似边长。

同理得

$$\left(\frac{\partial\hat{\alpha}_{jk}}{\partial\hat{Y}_j}\right)_0 = -\frac{\Delta X_{jk}^0}{(S_{jk}^0)^2},\left(\frac{\partial\hat{\alpha}_{jk}}{\partial\hat{X}_k}\right)_0 = -\frac{\Delta Y_{jk}^0}{(S_{jk}^0)^2},\left(\frac{\partial\hat{\alpha}_{jk}}{\partial\hat{Y}_k}\right)_0 = \frac{\Delta X_{jk}^0}{(S_{jk}^0)^2} \tag{5-23}$$

将式(5-22)、式(5-23)代入式(5-21),并统一等式两边的单位,有

$$\delta\alpha''_{jk} = \frac{\rho''}{(S_{jk}^0)^2}(\Delta Y_{jk}^0\hat{x}_j - \Delta X_{jk}^0\hat{y}_j - \Delta Y_{jk}^0\hat{x}_k + \Delta X_{jk}^0\hat{y}_k) \tag{5-24}$$

因为 $\Delta X_{jk}^0 = S_{jk}^0\cos\alpha_{jk}^0,\Delta Y_{jk}^0 = S_{jk}^0\sin\alpha_{jk}^0$,式(5-24)可表达成:

$$\delta\alpha''_{jk} = \frac{\rho''}{S_{jk}^0}(\sin\alpha_{jk}^0\hat{x}_j - \cos\alpha_{jk}^0\hat{y}_j - \sin\alpha_{jk}^0\hat{x}_k + \cos\alpha_{jk}^0\hat{y}_k) \tag{5-25}$$

令

$$\begin{cases} a_{jk} = \dfrac{\rho''\Delta Y_{jk}^0}{(S_{jk}^0)^2} = \dfrac{\rho''\sin\alpha_{jk}^0}{S_{jk}^0} \\ b_{jk} = \dfrac{\rho''\Delta X_{jk}^0}{(S_{jk}^0)^2} = \dfrac{\rho''\cos\alpha_{jk}^0}{S_{jk}^0} \end{cases} \tag{5-26}$$

则有

$$\delta\alpha''_{jk} = a_{jk}\hat{x}_j - b_{jk}\hat{y}_j - a_{jk}\hat{x}_k + b_{jk}\hat{y}_k \tag{5-27}$$

式(5-27)为坐标方位角改正数与坐标改正数间的一般关系式,称为坐标方位角改正数方程。该方程建立了方位角改正数和坐标改正数之间的联系。

设

$$\hat{Z}_j = Z_j^0 + \hat{z}_j \tag{5-28}$$

将式(5-27)、式(5-28)代入式(5-17),即有

$$v_{jk} = -\hat{z}_j + a_{jk}\hat{x}_j - b_{jk}\hat{y}_j - a_{jk}\hat{x}_k + b_{jk}\hat{y}_k + l_{jk} \tag{5-29}$$

其中:

$$l_{jk} = (\alpha_{jk}^0 - Z_j^0) - L_{jk} = L_{jk}^0 - L_{jk} \tag{5-30}$$

平面网中各测站上的每一个方向观测值都可建立如式(5-29)所示的误差方程。

平面网按坐标参数平差中方向观测值的误差方程,具有如下特点:

(1)误差方程中的参数除待定点坐标平差值外,还有定向角平差值,平面网中所有测站均有一个定向角平差参数,其系数均为-1。而且在每个测站的误差方程中,仅出现本测站的定向角平差值。

(2)当测站 j 和照准点 k 两点均为待定点时,它们的坐标未知数系数的数值相等,符号相反。其他坐标未知数的系数均为零。

(3)若测站点 j 为已知点,则

$$\hat{x}_j = \hat{y}_j = 0 \tag{5-31}$$

jk 方向的误差方程变为

$$v_{jk} = -\hat{z}_j - a_{jk}\hat{x}_k + b_{jk}\hat{y}_k + l_{jk} \tag{5-32}$$

(4)若照准点 k 为已知点,则

$$\hat{x}_k = \hat{y}_k = 0 \tag{5-33}$$

jk 方向的误差方程变为

$$v_{jk} = -\hat{z}_j + a_{jk}\hat{x}_j - b_{jk}\hat{y}_j + l_{jk} \tag{5-34}$$

(5)若方向观测时的测站点和照准点均为已知点,则

$$\hat{x}_j = \hat{y}_j = 0, \hat{x}_k = \hat{y}_k = 0 \tag{5-35}$$

于是

$$\delta\alpha''_{jk} = 0 \tag{5-36}$$

故

$$v_{jk} = -\hat{z}_j + l_{jk} \tag{5-37}$$

(6)同一条边的正反坐标方位角的改正数相等,它们与坐标改正数的关系式也一样。这是因为

$$\delta\alpha''_{kj} = \frac{\rho''}{(S_{jk}^0)^2}(\Delta Y_{kj}^0\hat{x}_k - \Delta X_{kj}^0\hat{y}_k - \Delta Y_{kj}^0\hat{x}_j + \Delta X_{kj}^0\hat{y}_j) \tag{5-38}$$

$$\Delta Y_{jk}^0 = -\Delta Y_{kj}^0, \Delta X_{kj}^0 = -\Delta X_{jk}^0 \tag{5-39}$$

即有

$$\delta\alpha''_{kj} = \delta\alpha''_{jk} \tag{5-40}$$

值得注意的是,与测角网不同的是,测方向三角网参数平差时,由于新增了测站定向角未知参数,必要观测数在测角网的基础上,须增加方向观测时的测站数。

【例5-3】 三角网如图5-3所示，A、B、C为已知点，P_1、P_2为待定点。各点上均进行了等权方向观测，起算数据及观测方向值分别列在表5-1及表5-2中。试以P_1点和P_2点坐标为平差参数，列出其误差方程。

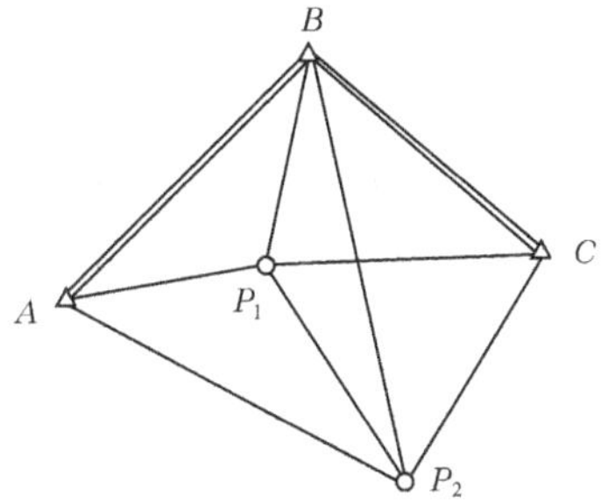

图5-3　三角网

解：(1)计算待定点的近似坐标。

本例中P_1和P_2点的近似坐标计算采用如下方法：首先根据方向观测值计算$\triangle ABP_1$、$\triangle ABP_2$中的相关内角，然后按照角度前方交会余切公式，分别计算待定点的坐标，坐标计算精确至mm，计算结果如下(单位为m)：

$$\boldsymbol{P}_1(6\ 182\ 820.532,43\ 528.608),\boldsymbol{P}_2(6\ 180\ 997.459,44\ 661.067)$$

(2)由已知点坐标和待定点近似坐标计算待定边的近似方位角α_{jk}^0和近似边长S_{jk}^0，列于表5-2中。

(3)计算坐标方位角改正数方程的系数，计算时S^0、ΔX^0、ΔY^0均以m为单位，而待定点坐标近似值的改正数$\hat{x}$、$\hat{y}$较小，以dm为单位。对于已知边，因$\delta\alpha=0$，故不必计算，其他边的坐标方位角的系数a、b的计算结果如表5-2所示。

(4)计算各测站定向角近似值Z_j^0，其计算公式为

$$Z_j^0=\frac{\sum_{k=1}^{n_j}(\alpha_{jk}^0-L_{jk})}{n_j}$$

式中：n_j为测站j上的观测方向数。

各测站定向角近似值计算结果列于表5-2中。

表5-1　起算数据

点名	x/m	y/m	S/m	α/(° ′ ″)
A	6 182 699.830	40 904.620		
			5 437.397	60 03 16.02
B	6 185 414.052	45 616.125		
			2 795.244	171 49 32.42
C	6 182 647.208	46 013.568		

表 5-2　方向观测值、误差方程常数项及改正数系数计算值

测站	照准点	方向观测值/(° ′ ″)	近似方位角/(° ′ ″)	α^0-L/(° ′ ″)	$l=\alpha^0-L-Z_j^0$/(″)	近似边长/km	a	b
A	P_2	0 00 00. 00	114 22 45. 81	114 22 45. 81	−0. 16	4. 124	+4. 56	−2. 06
	B	305 40 30. 09	60 03 16. 02	114 22 45. 93	−0. 04	5. 437		
	P_1	332 59 12. 45	87 21 58. 62	114 22 46. 17	0. 20	2. 627	7. 84	+0. 36
			Z_A^0	114 22 45. 97				
B	C	0 00 00. 00	171 49 32. 42	171 49 32. 42	0. 64	2. 795		
	P_2	20 20 33. 32	192 23 07. 00	171 49 33. 68	1. 90	4. 519	−0. 96	−4. 46
	P_1	47 00 19. 39	218 49 49. 77	171 49 30. 38	−1. 40	3. 329	−3. 88	−4. 83
	A	68 13 45. 38	240 03 26. 02	171 49 30. 64	−1. 14	5. 437		
			Z_B^0	171 49 31. 78				
C	P_2	0 00 00. 00	219 20 44. 39	219 20 44. 39	0. 09	2. 133	−6. 13	−7. 48
	P_1	54 38 39. 99	273 59 23. 55	219 20 43. 56	−0. 74	2. 491	−8. 26	+0. 58
	B	132 28 47. 47	351 49 32. 42	219 20 44. 95	0. 65	2. 795		
			Z_C^0	219 20 44. 30				
P_1	A	0 00 00. 00	267 21 58. 62	267 21 58. 61	−0. 02	2. 627	−7. 84	−0. 36
	B	131 27 50. 84	38 49 49. 77	267 21 58. 93	0. 29	3. 329	+3. 88	+4. 83
	C	186 37 24. 61	93 59 23. 55	267 21 58. 94	0. 30	2. 491	+8. 26	−0. 58
	P_2	240 47 09. 91	148 09 07. 99	267 21 58. 08	−0. 56	2. 146	+5. 07	−8. 16
			$Z_{P_1}^0$	267 21 58. 64				
P_2	P_1	0 00 00. 00	328 09 07. 99	328 09 07. 99	−0. 55	2. 146	−5. 07	+8. 16
	B	44 02 56. 59	12 12 07. 00	328 09 10. 41	1. 87	4. 519	0. 96	+4. 46
	C	71 11 37. 17	39 20 44. 39	328 09 07. 22	−1. 32	2. 133	6. 13	+7. 48
			$Z_{P_2}^0$	328 09 08. 54				

(5)按式(5-30)计算误差方程的常数项 l,列于表 5-2 中。

(6)由表 5-2 中的系数 a、b 及常数项 l,即可按式(5-29)组成各方向的误差方程。以 P_1 测站各方向为例,其误差方程为

$$v_{P_1A}=-\hat{z}_{P_1}-7.84\hat{x}_{P_1}+0.36\hat{y}_{P_1}-0.02$$

$$v_{P_1B}=-\hat{z}_{P_1}+3.88\hat{x}_{P_1}-4.83\hat{y}_{P_1}+0.29$$

$$v_{P_1C}=-\hat{z}_{P_1}+8.26\hat{x}_{P_1}+0.58\hat{y}_{P_1}+0.30$$

$$v_{P_1P_2}=-\hat{z}_{P_1}+5.07\hat{x}_{P_1}+8.16\hat{y}_{P_1}-5.07\hat{x}_{P_1}-8.16\hat{y}_{P_1}-0.56$$

(二)按角度坐标平差中角度观测值的误差方程

观测值为角度,参数为待定点坐标的参数平差问题,称为按角度坐标平差。

在图 5-4 中,观测角度为 L_i,不失一般性,设 j、k、h 均为待定点,参数为 $(\hat{X}_j,\hat{Y}_j)$,$(\hat{X}_k、\hat{Y}_k)$,$(\hat{X}_h,\hat{Y}_h)$。令 $\hat{Y}=Y^0+\hat{y}$,对于角度 L_i,其观测值平差值方程为

$$L_i+v_i=\hat{\alpha}_{jk}-\hat{\alpha}_{jh} \tag{5-41}$$

将 $\hat{\alpha}=\alpha^0+\delta\alpha$ 代入式(5-41),并令

$$l_i=(\alpha_{jk}^0-\alpha_{jh}^0)-L_i=L_i^0-L_i \tag{5-42}$$

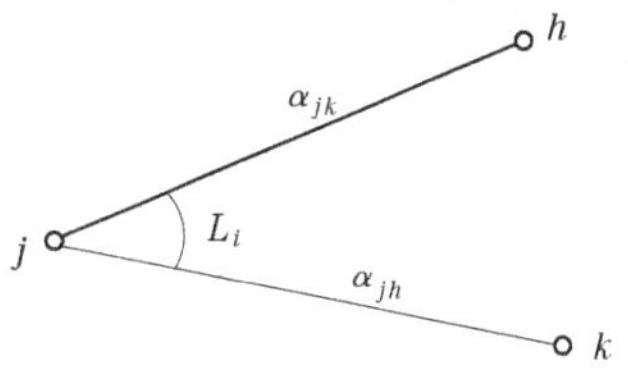

图 5-4　测角

即有

$$v_i=\delta\alpha_{jk}-\delta\alpha_{jh}+l_i \tag{5-43}$$

这就是由方位角改正数表示的误差方程。

将方位角改正数表达为坐标改正数,可以利用式(5-29),得出测角网坐标平差的误差方程:

$$v_i=(a_{jk}-a_{jh})\hat{x}_j-(b_{jk}-b_{jh})\hat{y}_j-a_{jk}\hat{x}_k+b_{jk}\hat{y}_k+a_{jh}\hat{x}_h-b_{jh}\hat{y}_h+l_i \tag{5-44}$$

角度观测值的误差方程具有如下特点:

(1)当 j、k 或 h 中某点为已知点时,则该点的 $\hat{x}=\hat{y}=0$。

(2)当 j、k 和 j、k 均为已知点时,则

$$\hat{x}_j=\hat{y}_j=0,\ \hat{x}_k=\hat{y}_k=0,\ \hat{x}_h=\hat{y}_h=0$$

于是

$$v_i=l_i$$

与测方向的三角网误差方程比较,测角网的误差方程中不存在定向角参数。这是因为角度是两个方向值之间的夹角,与起始方向值的大小无关;而观测方向时,各观测方向值的大小与起始方向值(相当于度盘的零位置)相关。

如果三角网是按方向观测的,方向观测值一般是相互独立的,观测值的权阵为对角阵;同一测站的角度之间则是相关的,因为相邻角度计算时涉及共同方向值,所以按角度坐标平差时,要顾及观测值之间的相关性,角度观测值的权阵不再是对角阵。

【例 5-4】　在工程测量中,常利用交会定点方式加密或恢复控制点,如图 5-5 所示为后方交会图形,图中 A、B、C 是已知点,P 是待定点,L_i 表示方向观测值,S_i 表示边长观测值。为了测定 P 点平面坐标,试确定下列条件下几何模型中的必要观测数 t 和多余观测数 r。

(1)观测值为 L_1、L_2 和 L_3。

(2)观测值为 S_1、S_2 和 S_3。

(3)观测值为 L_1、L_2 及 S_1。

(4)观测值为 L_1、L_2、S_1 及 S_2。

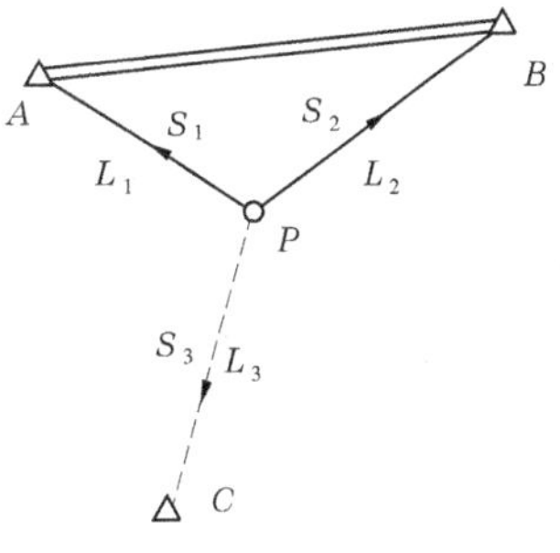

图 5-5　后方交会

解:由测方向平面网坐标平差可知,测定图 5-5 中待定点 P 的平面坐标,未知数除包含待定点坐标 x_p、y_p 外,还包含测站定向角未知数 z_p,共 3 个未知数,即该图形中必要观测数 P;若按测角网坐标平差,消去了定向角参数,则该图形中必要观测数为 $t=2$;若按测边网坐标平差,点位可由 2 条边长交会,则该图形中必要观测数 $t=2$。

(1)由于 $n=3,t=3$,故 $r=0$。说明为了得到待定点 P 的平面坐标,至少需要观测 3 个方向,若只观测 3 个方向,则没有多余观测,不能进行平差计算。

(2)由于 $n=3,t=2$,故 $r=1$。由图 5-5 可知,观测任意两条边长交会定点,即可得到 P 点的位置。由于存在多余观测,P 点的坐标可按参数平差计算。

(3)若按测方向网处理,由于 $n=3,t=3$,故 $r=0$。即可以确定 P 点的坐标,但不存在多余观测。若按测角网平差,由于观测方向 L_1 和 L_2,只是相当于观测了角度 β,此时 $n=2,t=2$,多余观测数 $r=0$,即仍不存在多余观测。

(4)同(3)中的分析,不论是按测方向网、测角网,还是按边角网,多余观测数都相等,即 $r=1$。只要存在多余观测,P 点的坐标就可以按平差方法计算,提高坐标成果的精度。

(三)边长观测值的误差方程

在图 5-6 中,测得待定点间的边长 L_i,设待定点的坐标平差值参数为 $(\hat{X}_j,\hat{Y}_j)$、$(\hat{X}_k,\hat{Y}_k)$,并令 $\hat{X}=X^0+\hat{x}$,$\hat{Y}=Y^0+\hat{y}$,则边长 L_i 的观测值方程为

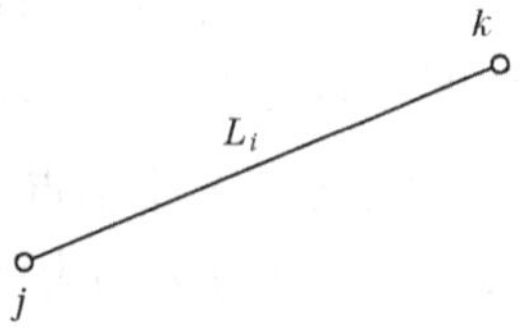

图 5-6　边长观测

$$\hat{L}_i = L_i + v_i = \sqrt{(\hat{X}_k - \hat{X}_j)^2 + (\hat{Y}_k - \hat{Y}_j)^2}$$

按泰勒级数展开并取至一次项,将观测值方程线性化,有

$$v_i = -\frac{\Delta X_{jk}^0}{S_{jk}^0}\hat{x}_j - \frac{\Delta Y_{jk}^0}{S_{jk}^0}\hat{y}_j + \frac{\Delta X_{jk}^0}{S_{jk}^0}\hat{x}_k + \frac{\Delta Y_{jk}^0}{S_{jk}^0}\hat{y}_k + l_i \tag{5-45}$$

其中:

$$\Delta X_{jk}^0 = X_k^0 - X_j^0,\Delta Y_{jk}^0 = Y_k^0 - Y_j^0$$

$$S_{jk}^0 = \sqrt{(X_k^0 - X_j^0)^2 + (Y_k^0 - Y_j^0)^2}$$

$$l_i = S_{jk}^0 - L_i$$

因为 $\Delta X_{jk}^0 = S_{jk}^0\cos\alpha_{jk}^0$,$\Delta Y_{jk}^0 = S_{jk}^0\sin\alpha_{jk}^0$,则式(5-45)可表达成:

$$v_i = -\cos\alpha_{jk}^0\hat{x}_j - \sin\alpha_{jk}^0\hat{y}_j + \cos\alpha_{jk}^0\hat{x}_k + \sin\alpha_{jk}^0\hat{y}_k + l_i \tag{5-46}$$

式(5-45)与式(5-46)就是测边时按坐标平差方程的一般形式,该式是在假设两端都是待定点的情况下导出的。具体计算时,可根据不同的情况灵活运用。

(1)若观测边的 j 点为已知点,则 $\hat{x}_j=\hat{y}_j=0$,jk 边的误差方程变为

$$v_i = \frac{\Delta X_{jk}^0}{S_{jk}^0}\hat{x}_k + \frac{\Delta Y_{jk}^0}{S_{jk}^0}\hat{y}_k + l_i \tag{5-47}$$

(2)若观测边的 k 为已知点,则 $\hat{x}_k=\hat{y}_k=0$,jk 边的误差方程变为

$$v_i=-\frac{\Delta X_{jk}^0}{S_{jk}^0}\hat{x}_j-\frac{\Delta Y_{jk}^0}{S_{jk}^0}\hat{y}_j+l_i \qquad (5\text{-}48)$$

(3)jk 边按 jk 方向和对方向列的误差方程结果相同,且 j 点和 k 点坐标前的系数绝对值相等,符号相反。

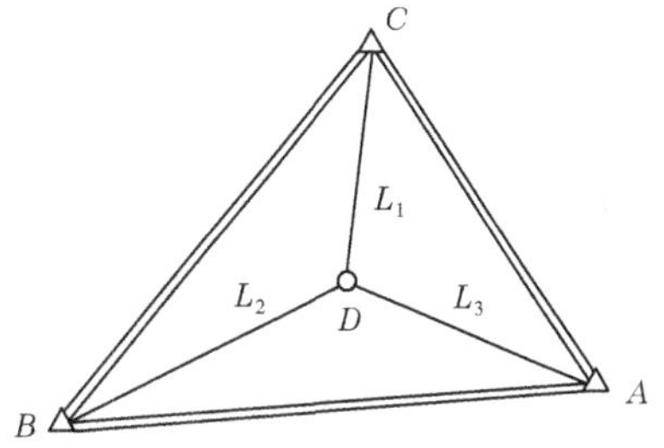

图 5-7 测边网加密点位

【例 5-5】 等精度测得如图 5-7 所示的三个边长,其结果为 $L_1=387.363$ m、$L_2=306.065$ m、$L_3=354.862$。已知点 A、B、C 的起算数据列于表 5-3。试列出观测误差方程并求加密点 D 点坐标平差值。

表 5-3 起算数据

点名	坐标/m		边长/m	方位角
	X	Y	S	(° ′ ″)
A	2 692. 201	5 203. 153		186 44 26. 4
			603. 608	
B	2 092. 765	5 132. 304		77 32 13. 3
			545. 984	
C	2 210. 593	5 665. 422		316 10 25. 5
			667. 562	
D				

解:本题中 $t=2$,选择待定点 D 的坐标 $\hat{X}_D$ 和 $\hat{Y}_D$ 为参数,其近似值由已知点 A、B 和观测边 L_1、L_2 按边长前方交会计算。具体计算过程如下:

$$\cos\angle ABD=\frac{S_{AB}^2+L_2^2-L_1^2}{2S_{AB}L_2}$$

代入各观测值,有

$$\angle ABD=\arccos\left(\frac{S_{AB}^2+L_2^2-L_1^2}{2S_{AB}L_2}\right)\approx 33°32'22.8''$$

因

$$\alpha_{BD}^0=\alpha_{BA}+\angle ABD$$

将相关计算结果代入上式,即

$$\alpha_{BD}^0=\alpha_{BA}+\angle ABD=40°16'49.2''$$

于是可计算得到

$$X_D^0=X_B+L_2\cos\alpha_{BD}^0=2\ 326.259(\text{m})$$

$$Y_D^0=Y_B+L_2\sin\alpha_{AD}^0=5\ 330.184(\text{m})$$

根据待定点 D 的近似坐标和已知点坐标,按式(5-46)计算误差方程系数项和常数项,得观测误差方程组:

$$\begin{cases}v_{AD}=-0.9447\hat{x}_D+0.3278\hat{y}_D+0\\v_{BD}=0.7629\hat{x}_D+0.6465\hat{y}_D+0\\v_{CD}=0.3262\hat{x}_D-0.9453\hat{y}_D-0.231\end{cases}$$

由于各观测值为等精度独立观测,则可假定观测值的权阵 $\boldsymbol{P}=\boldsymbol{E}$。

由误差方程,得系数阵 $\boldsymbol{A}$ 及常数矩阵 $\boldsymbol{l}$ 分别为

$$\boldsymbol{A}=\begin{bmatrix}-0.9447 & 0.3278\\0.7629 & 0.6465\\0.3262 & -0.9453\end{bmatrix},\boldsymbol{l}=\begin{bmatrix}0\\0\\-0.231\end{bmatrix}$$

于是法方程系数阵 $\boldsymbol{N}$ 及常数阵 $\boldsymbol{W}$ 分别为

$$\boldsymbol{N}=\boldsymbol{A}^{\mathrm{T}}\boldsymbol{PA}=\begin{bmatrix}1.5809\\-0.1249\end{bmatrix},\boldsymbol{U}=\boldsymbol{A}^{\mathrm{T}}\boldsymbol{Pl}=\begin{bmatrix}-0.0754\\0.2184\end{bmatrix}$$

解法方程,求待定点近似坐标的改正数:

$$\begin{bmatrix}\hat{x}_D\\\hat{y}_D\end{bmatrix}=\begin{bmatrix}0.0358\\-0.1507\end{bmatrix}(\mathrm{m})$$

于是待定点 D 的坐标平差值 $\hat{X}_D$ 和 $\hat{Y}_D$ 分别为

$$\begin{bmatrix}\hat{X}_D\\\hat{Y}_D\end{bmatrix}=\begin{bmatrix}2326.2948\\5330.0333\end{bmatrix}(\mathrm{m})$$

(四)边角网的误差方程

边角网中有两种不同类型的观测值,即边长观测值和方向(角度)观测值,所以在边角网中,方向(角度)观测值误差方程的列法与测方向(角度)的平面网平差中的误差方程相同,边长观测的误差方程与测边网坐标平差中的误差方程相同。

在边角网中,有方向(角度)和距离两种不同类型的观测值,需考虑如何确定两类观测值的权和权比关系。

设先验的单位权方差为 σ_0^2,方向(角度)中误差为 σ_{β_i},边长观测中误差为 σ_{S_i},则各类观测值的权分别为

$$P_{\beta_i}=\frac{\sigma_0^2}{\sigma_{\beta_i}^2},P_{S_i}=\frac{\sigma_0^2}{\sigma_{S_i}^2}\tag{5-49}$$

为了确定边、方向(角度)观测的权比,必须已知 σ_{β_i}、σ_{S_i},它们在平差前一般是未知的,所以在平差前,一般采用经验定权的方法。如采用仪器的标称精度,结合测量实际(如观测条件和所采用的测回数)确定观测数据的验前精度。

需要注意的是,在边角网中,权是有单位的。设方向(角度)的单位为秒(″),边长的单位是厘米(cm),令式(5-49)中 P_{β_i} 无单位,则单位权方差与角度的单位一致,而 P_{S_i} 的单位为 $('')^2/\mathrm{cm}^2$。在这种情况下,角度的改正数以秒(″)为单位,边长的改正数以厘米(cm)为单位,按角度计算的 $[P_\beta v_\beta^2]$ 与按边长计算的 $[P_S v_S^2]$ 的单位才能一致,计算单位权方差的估值

公式 $\hat{\sigma}_0^2=\frac{[Pv^2]}{r}=\frac{[P_\beta v_\beta^2]+[P_S v_S^2]}{r}$才能正常使用。

第三节　精度评定

一、单位权方差及单位权中误差

由方差-协方差阵和权阵的关系式(4-31)可知：

$$\underset{nn}{\boldsymbol{D}}=\sigma_0^2\underset{nn}{\boldsymbol{P}}^{-1}$$

两端左乘 $\boldsymbol{P}$，根据方差-协方差阵的定义 $\boldsymbol{D}=E(\boldsymbol{\Delta\Delta}^{\mathrm{T}})$，可得

$$\sigma_0^2\boldsymbol{I}=\boldsymbol{P}E(\boldsymbol{\Delta\Delta}^{\mathrm{T}})$$

两端取矩阵的迹：

$$\sigma_0^2 tr(\boldsymbol{I})=E[tr(\boldsymbol{P\Delta\Delta}^{\mathrm{T}})]$$

根据迹的性质：

$$tr(\boldsymbol{P\Delta\Delta}^{\mathrm{T}})=tr(\boldsymbol{\Delta}^{\mathrm{T}}\boldsymbol{P\Delta})=\boldsymbol{\Delta}^{\mathrm{T}}\boldsymbol{P\Delta}$$

可得单位权方差的真误差表达式为

$$\sigma_0^2=\frac{E(\boldsymbol{\Delta}^{\mathrm{T}}\boldsymbol{P\Delta})}{n}=E\left(\frac{\boldsymbol{\Delta}^{\mathrm{T}}\boldsymbol{P\Delta}}{n}\right) \tag{5-50}$$

因真误差向量 $\boldsymbol{\Delta}$ 为随机向量，则$\frac{\boldsymbol{\Delta}^{\mathrm{T}}\boldsymbol{P\Delta}}{n}$也为随机变量，其数学期望为单位权方差 σ_0^2，所以，由一组真误差向量 $\boldsymbol{\Delta}$ 的观测值计算的随机变量$\frac{\boldsymbol{\Delta}^{\mathrm{T}}\boldsymbol{P\Delta}}{n}$的观测值，可以认为将在其数学期望 σ_0^2 附近取值，则可将其看单位权方差 σ_0^2 的一个估计值，记为

$$\hat{\sigma}_0^2=\frac{\boldsymbol{\Delta}^{\mathrm{T}}\boldsymbol{P\Delta}}{n} \tag{5-51}$$

单位权中误差为

$$\hat{\sigma}_0=\sqrt{\frac{\boldsymbol{\Delta}^{\mathrm{T}}\boldsymbol{P\Delta}}{n}} \tag{5-52}$$

当观测值相互独立时，则有

$$\hat{\sigma}_0=\sqrt{\frac{[p\Delta\Delta]}{n}} \tag{5-53}$$

此式即为在第三章中给出的按一组不等精度的真误差计算单位权中误差的公式[见式(3-77)]。

然而，在平差问题中，观测值真值和真误差通常是不知道的，还需要推导由改正值向量 $\boldsymbol{V}$ 计算单位权方差和单位权中误差的公式。

首先计算 $\boldsymbol{V}^{\mathrm{T}}\boldsymbol{PV}$，根据式(5-7)及法方程式(5-13)，在参数平差中：

$$
\begin{aligned}
\boldsymbol{V}^{\mathrm{T}}\boldsymbol{PV} &= (\boldsymbol{A}\hat{\boldsymbol{x}}+\boldsymbol{l})^{\mathrm{T}}\boldsymbol{P}(\boldsymbol{A}\hat{\boldsymbol{x}}+\boldsymbol{l})\\
&= \hat{\boldsymbol{x}}^{\mathrm{T}}\boldsymbol{A}^{\mathrm{T}}\boldsymbol{PA}\hat{\boldsymbol{x}}+\hat{\boldsymbol{x}}^{\mathrm{T}}\boldsymbol{A}^{\mathrm{T}}\boldsymbol{Pl}+\boldsymbol{l}^{\mathrm{T}}\boldsymbol{PA}\hat{\boldsymbol{x}}+\boldsymbol{l}^{\mathrm{T}}\boldsymbol{Pl}\\
&= \hat{\boldsymbol{x}}^{\mathrm{T}}\boldsymbol{A}^{\mathrm{T}}\boldsymbol{PA}\hat{\boldsymbol{x}}-\boldsymbol{U}^{\mathrm{T}}\boldsymbol{N}^{-1}\boldsymbol{A}^{\mathrm{T}}\boldsymbol{Pl}-\boldsymbol{l}^{\mathrm{T}}\boldsymbol{PAN}^{-1}\boldsymbol{A}^{\mathrm{T}}\boldsymbol{Pl}+\boldsymbol{l}^{\mathrm{T}}\boldsymbol{Pl}\\
&= \hat{\boldsymbol{x}}^{\mathrm{T}}\boldsymbol{A}^{\mathrm{T}}\boldsymbol{PA}\hat{\boldsymbol{x}}-\boldsymbol{l}^{\mathrm{T}}\boldsymbol{PAN}^{-1}\boldsymbol{A}^{\mathrm{T}}\boldsymbol{Pl}-\boldsymbol{l}^{\mathrm{T}}\boldsymbol{PAN}^{-1}\boldsymbol{A}^{\mathrm{T}}\boldsymbol{PI}+\boldsymbol{l}^{\mathrm{T}}\boldsymbol{Pl}\\
&= \hat{\boldsymbol{x}}^{\mathrm{T}}\boldsymbol{A}^{\mathrm{T}}\boldsymbol{PA}\hat{\boldsymbol{x}}-2(-\boldsymbol{N}^{-1}\boldsymbol{A}^{\mathrm{T}}\boldsymbol{Pl})^{\mathrm{T}}\boldsymbol{N}(-\boldsymbol{N}^{-1}\boldsymbol{A}^{\mathrm{T}}\boldsymbol{Pl})+\boldsymbol{l}^{\mathrm{T}}\boldsymbol{PI}\\
&= \hat{\boldsymbol{x}}^{\mathrm{T}}\boldsymbol{A}^{\mathrm{T}}\boldsymbol{PA}\hat{\boldsymbol{x}}-2\hat{\boldsymbol{x}}^{\mathrm{T}}\boldsymbol{A}^{\mathrm{T}}\boldsymbol{PA}\hat{\boldsymbol{x}}+\boldsymbol{l}^{\mathrm{T}}\boldsymbol{Pl}\\
&= \boldsymbol{l}^{\mathrm{T}}\boldsymbol{Pl}-\hat{\boldsymbol{x}}^{\mathrm{T}}\boldsymbol{N}\hat{\boldsymbol{x}}\\
&= \boldsymbol{l}^{\mathrm{T}}\boldsymbol{Pl}-\boldsymbol{U}^{\mathrm{T}}\boldsymbol{N}^{-1}\boldsymbol{U}
\end{aligned} \tag{5-54}
$$

式(5-54)为 $\boldsymbol{V}^{\mathrm{T}}\boldsymbol{PV}$ 的计算公式。

在式(5-7)中,以参数向量的真值向量 $\tilde{\boldsymbol{x}}$ 代替平差值向量 $\hat{\boldsymbol{x}}$,则应有

$$
\boldsymbol{\Delta}=\boldsymbol{A}\tilde{\boldsymbol{x}}+\boldsymbol{l} \tag{5-55}
$$

将式(5-7)与式(5-55)相减,得

$$
\boldsymbol{V}=\boldsymbol{A}(\hat{\boldsymbol{x}}-\tilde{\boldsymbol{x}})+\boldsymbol{\Delta} \tag{5-56}
$$

式(5-56)相当于以($\hat{\boldsymbol{x}}-\tilde{\boldsymbol{x}}$)作为未知参数,以 $\boldsymbol{\Delta}$ 作为自由项的参数平差误差方程。对式(5-56)定义的改正值向量 $\boldsymbol{V}$,按式(5-54)计算 $\boldsymbol{V}^{\mathrm{T}}\boldsymbol{PV}$,有

$$
\begin{aligned}
\boldsymbol{V}^{\mathrm{T}}\boldsymbol{PV} &= \boldsymbol{\Delta}^{\mathrm{T}}\boldsymbol{P\Delta}-\boldsymbol{\Delta}^{\mathrm{T}}\boldsymbol{PAN}^{-1}\boldsymbol{A}^{\mathrm{T}}\boldsymbol{P\Delta}\\
&= \boldsymbol{\Delta}^{\mathrm{T}}(\boldsymbol{I}-\boldsymbol{PAN}^{-1}\boldsymbol{A}^{\mathrm{T}})\boldsymbol{P\Delta}\\
&= tr[\boldsymbol{\Delta}^{\mathrm{T}}(\boldsymbol{I}-\boldsymbol{PAN}^{-1}\boldsymbol{A}^{\mathrm{T}})\boldsymbol{P\Delta}]^{*}\\
&= tr[\boldsymbol{P\Delta\Delta}^{\mathrm{T}}(\boldsymbol{I}-\boldsymbol{PAN}^{-1}\boldsymbol{A}^{\mathrm{T}})]
\end{aligned}
$$

上式两端取数学期望,得

$$
\begin{aligned}
E(\boldsymbol{V}^{\mathrm{T}}\boldsymbol{PV}) &= tr[\boldsymbol{P}E(\boldsymbol{\Delta\Delta}^{\mathrm{T}})(\boldsymbol{I}-\boldsymbol{PAN}^{-1}\boldsymbol{A}^{\mathrm{T}})]\\
&= \sigma_0^2 tr(\boldsymbol{I}-\boldsymbol{PAN}^{-1}\boldsymbol{A}^{\mathrm{T}})\\
&= \sigma_0^2[tr(\boldsymbol{I})-tr(\boldsymbol{A}^{\mathrm{T}}\boldsymbol{PAN}^{-1})]\\
&= \sigma_0^2[tr(\boldsymbol{I}_{n\times n})-tr(\boldsymbol{I}_{t\times t})]\\
&= \sigma_0^2(n-t)
\end{aligned}
$$

即

$$
\sigma_0^2=\frac{E(\boldsymbol{V}^{\mathrm{T}}\boldsymbol{PV})}{(n-t)} \tag{5-57}
$$

式(5-57)即为以改正值向量 $\boldsymbol{V}$ 表示的单位权方差计算公式,由此可得单位权中误差估值为

$$
\hat{\sigma}_0=\sqrt{\frac{\boldsymbol{V}^{\mathrm{T}}\boldsymbol{PV}}{n-t}} \tag{5-58}
$$

以上推导过程中的矩阵迹为 $n\times n$ 阶方阵主对角线(从左上方至右下方的对角线)上

---

* tr 为矩阵的迹,为一个矩阵对角线元素的和,其性质请读者参考矩阵论相关内容。

各个元素的总和。方阵的迹的定义及简单定理,请读者参考线性代数相关内容,在此不做赘述。

二、相关向量的协因数阵

在参数平差中,已知 $\boldsymbol{Q}_{LL}=\boldsymbol{Q}$,基本向量为 $\boldsymbol{L}(\boldsymbol{l})$、$\hat{\boldsymbol{X}}(\hat{\boldsymbol{x}})$、$\boldsymbol{V}$ 和 $\hat{\boldsymbol{L}}$,因 $\boldsymbol{L}$ 和 $\boldsymbol{l}$、$\hat{\boldsymbol{X}}$ 和 $\hat{\boldsymbol{x}}$ 均仅相差常量阵,所以 $\boldsymbol{Q}_{LL}=\boldsymbol{Q}_{ll}$,$\boldsymbol{Q}_{\hat{X}\hat{X}}=\boldsymbol{Q}_{\hat{x}\hat{x}}$。

设 $\boldsymbol{Z}^{\mathrm{T}}=[\boldsymbol{L}^{\mathrm{T}}\quad \hat{\boldsymbol{X}}^{\mathrm{T}}\quad \boldsymbol{V}^{\mathrm{T}}\quad \hat{\boldsymbol{L}}^{\mathrm{T}}]$,则 $\boldsymbol{Z}$ 的协因数阵为

$$\boldsymbol{Q}_{ZZ}=\begin{bmatrix}\boldsymbol{Q}_{LL} & \boldsymbol{Q}_{L\hat{X}} & \boldsymbol{Q}_{LV} & \boldsymbol{Q}_{L\hat{L}}\\ \boldsymbol{Q}_{\hat{X}L} & \boldsymbol{Q}_{\hat{X}\hat{X}} & \boldsymbol{Q}_{\hat{X}V} & \boldsymbol{Q}_{\hat{X}\hat{L}}\\ \boldsymbol{Q}_{VL} & \boldsymbol{Q}_{V\hat{X}} & \boldsymbol{Q}_{VV} & \boldsymbol{Q}_{V\hat{L}}\\ \boldsymbol{Q}_{\hat{L}L} & \boldsymbol{Q}_{\hat{L}\hat{X}} & \boldsymbol{Q}_{\hat{L}V} & \boldsymbol{Q}_{\hat{L}\hat{L}}\end{bmatrix}$$

上式中对角线上的子矩阵为各基本向量的协因数阵,对角线以外的子矩阵是向量间的互协因数阵。

推导协因数阵时,可将基本向量均表达为观测值向量 $\boldsymbol{L}$ 的矩阵函数,找出系数矩阵,即可按协因数传播定律,得出各基本向量的协因数阵及基本向量间的互协因数阵。

基本向量与 $\boldsymbol{L}$ 的函数关系为

$$\begin{cases}\boldsymbol{L}=\boldsymbol{L}\\ \hat{\boldsymbol{X}}=-(\boldsymbol{A}^{\mathrm{T}}\boldsymbol{P}\boldsymbol{A})^{-1}\boldsymbol{A}^{\mathrm{T}}\boldsymbol{P}\boldsymbol{l}\\ \boldsymbol{V}=\boldsymbol{A}\hat{\boldsymbol{x}}+\boldsymbol{l}=[-\boldsymbol{A}(\boldsymbol{A}^{\mathrm{T}}\boldsymbol{P}\boldsymbol{A})^{-1}\boldsymbol{A}^{\mathrm{T}}\boldsymbol{P}+\boldsymbol{I}]\boldsymbol{l}\\ \hat{\boldsymbol{L}}=\boldsymbol{L}+\boldsymbol{V}\end{cases}$$

运用协因数传播律,可得以下协因数阵、互协因数阵:

$$\boldsymbol{Q}_{LL}=\boldsymbol{Q}$$

$$\boldsymbol{Q}_{\hat{X}\hat{X}}=\boldsymbol{N}^{-1}$$

$$\boldsymbol{Q}_{\hat{X}L}=\boldsymbol{N}^{-1}\boldsymbol{A}^{\mathrm{T}}=\boldsymbol{Q}_{L\hat{X}}^{\mathrm{T}}$$

$$\boldsymbol{Q}_{VL}=\boldsymbol{A}\boldsymbol{N}^{-1}\boldsymbol{A}^{\mathrm{T}}+\boldsymbol{Q}=\boldsymbol{Q}_{LV}^{\mathrm{T}}$$

$$\boldsymbol{Q}_{V\hat{X}}=0=\boldsymbol{Q}_{\hat{X}V}^{\mathrm{T}}$$

$$\boldsymbol{Q}_{VV}=\boldsymbol{Q}-\boldsymbol{A}\boldsymbol{N}^{-1}\boldsymbol{A}^{\mathrm{T}}$$

$$\boldsymbol{Q}_{\hat{L}L}=\boldsymbol{A}\boldsymbol{N}^{-1}\boldsymbol{A}^{\mathrm{T}}=\boldsymbol{Q}_{L\hat{L}}$$

$$\boldsymbol{Q}_{\hat{L}\hat{X}}=\boldsymbol{A}\boldsymbol{N}^{-1}=\boldsymbol{Q}_{\hat{X}\hat{L}}^{\mathrm{T}}$$

$$\boldsymbol{Q}_{\hat{L}V}=0=\boldsymbol{Q}_{V\hat{L}}^{\mathrm{T}}$$

$$Q_{\hat{L}\hat{L}} = AN^{-1}A^{T}$$

【例 5-6】 试推导 $Q_{\hat{X}\hat{X}}$、Q_{VV}。

解：由于 $\hat{X}=-(A^{T}PA)^{-1}A^{T}Pl, V=A\hat{X}+l=[-A(A^{T}PA)^{-1}A^{T}P+I]l$
按协因数传播律，容易得到

$$\begin{aligned} Q_{\hat{X}\hat{X}} &= -(A^{T}PA)^{-1}A^{T}PQ[-(A^{T}PA)^{-1}A^{T}P]^{T} \\ &= N^{-1}A^{T}PQPAN^{-1} \\ &= N^{-1} \end{aligned}$$

该式说明，未知参数 $\hat{X}$ 的协因数阵等于法方程系数矩阵的逆阵，其对角线上的分量分别是各未知参数的协因数（权倒数），在利用式（5-57）计算出单位权中误差后，可以方便地计算未知参数向量中各分量的中误差，这是参数平差的一个特点。

$$\begin{aligned} Q_{VV} &= [-A(A^{T}PA)^{-1}A^{T}P+I]Q[-A(A^{T}PA)^{-1}A^{T}P+I]^{T} \\ &= [-AN^{-1}A^{T}PQ+Q][-PAN^{-1}A^{T}+I]^{T} \\ &= AN^{-1}A^{T}PAN^{-1}A^{T}-AN^{-1}A^{T}-QPAN^{-1}A^{T}+Q \\ &= AN^{-1}A^{T}-AN^{-1}A^{T}-AN^{-1}A^{T}+Q \\ &= Q-AN^{-1}A^{T} \end{aligned}$$

三、参数函数的中误差

在参数平差中，法方程的解是未知参数向量 $\hat{x}$，参数向量已经可以确定一个几何网，那么该几何网中的任意量，如边长、方位角的平差值等，均能由解出的参数向量计算得出。

一般情况下，参数平差中，设有参数向量 $\underset{t1}{\hat{X}}$ 的函数：

$$\varphi = \Phi(\hat{X}_1, \hat{X}_2, \cdots, \hat{X}_t) \tag{5-59}$$

将式（5-59）在参数近似值（$\hat{X}_1^0, \hat{X}_2^0, \cdots, \hat{X}_t^0$）处进行泰勒级数展开，并取至一次项，得

$$\begin{aligned} \varphi &= \Phi(\hat{X}_1, \hat{X}_2, \cdots \hat{X}_t) \\ &= \left(\frac{\partial \Phi}{\partial \hat{X}_1}\right)_0 \hat{x}_1 + \left(\frac{\partial \Phi}{\partial \hat{X}_2}\right)_0 \hat{x}_2 + \cdots + \left(\frac{\partial \Phi}{\partial \hat{X}_t}\right)_0 \hat{x}_t + \Phi(X_1^0, X_2^0, \cdots, X_t^0) \end{aligned} \tag{5-60}$$

令

$$f_i = \left(\frac{\partial \Phi}{\partial \hat{X}_i}\right)_0 \qquad (i=1,2,\cdots,t)$$

可得式（5-60）的权函数表达式：

$$\mathrm{d}\varphi = f_1\hat{x}_1 + f_2\hat{x}_2 + \cdots + f_t\hat{x}_t \tag{5-61}$$

令

$$F^{T} = [f_1, f_2, \cdots, f_t]$$

式（5-61）可写为

$$d\varphi = \boldsymbol{F}^{\mathrm{T}}\hat{\boldsymbol{x}} \tag{5-62}$$

由协因数传播定律,可得函数 φ 的协因数(阵) $\boldsymbol{Q}_{\varphi\varphi}$ 为

$$\boldsymbol{Q}_{\varphi\varphi} = \boldsymbol{F}^{\mathrm{T}}\boldsymbol{Q}_{\hat{X}\hat{X}}\boldsymbol{F} = \boldsymbol{F}^{\mathrm{T}}\boldsymbol{N}^{-1}\boldsymbol{F} \tag{5-63}$$

因

$$\boldsymbol{Q}_{\hat{X}\hat{X}} = \begin{bmatrix} Q_{\hat{X}_1\hat{X}_1} & Q_{\hat{X}_1\hat{X}_2} & \cdots & Q_{\hat{X}_1\hat{X}_t} \\ Q_{\hat{X}_2\hat{X}_1} & Q_{\hat{X}_2\hat{X}_2} & \cdots & Q_{\hat{X}_2\hat{X}_t} \\ \vdots & \vdots & & \vdots \\ Q_{\hat{X}_t\hat{X}_1} & Q_{\hat{X}_t\hat{X}_2} & \cdots & Q_{\hat{X}_t\hat{X}_t} \end{bmatrix}$$

其中,对角线元素为参数各分量的协因数(权倒数),故 $\hat{X}_i$ 的中误差为

$$\hat{\sigma}_{\hat{X}_{ii}} = \hat{\sigma}_0\sqrt{Q_{\hat{X}_i\hat{X}_i}} \tag{5-64}$$

第四节　参数平差示例

【例 5-7】　如图 5-8 所示的水准网中,A、B、C 为已知高程控制点,$H_A = 12.000$ m,$H_B = 12.500$ m,$H_C = 14.000$ m;高差观测值 $h_1 = 2.500$ m,$h_2 = 2.000$ m,$h_3 = 1.352$ m,$h_4 = 1.851$ m;各观测路线长 $S_1 = 1$ km,$S_2 = 1$ km,$S_3 = 2$ km,$S_4 = 1$ km。试按参数平差法求:

(1)各观测高差的平差值 $\hat{h}$。

(2)P_2 点高程平差值的精度 $\hat{\sigma}_{\hat{H}_{P_2}}$。

(3)P_1 至 P_2 点观测高差平差值的精度 $\hat{\sigma}_{\hat{h}_{P_1P_2}}$。

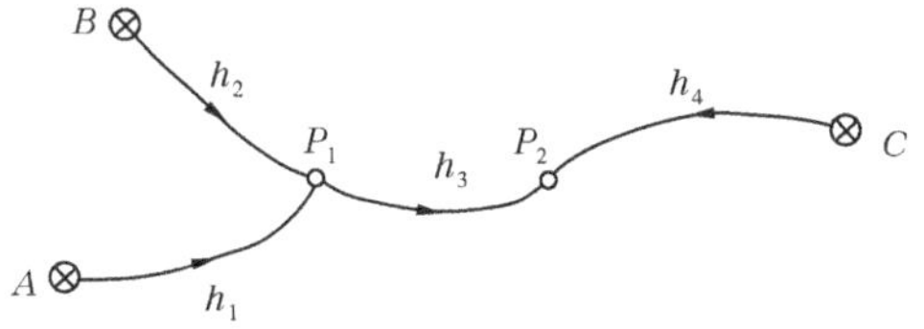

图 5-8　水准网

解:本例中有两个待定点,必要观测数 $t=2$,设 P_1 和 P_2 点的高程平差值分别为参数 $\hat{X}_1$ 和 $\hat{X}_2$,参数近似值取 $\hat{X}_1^0 = H_A + h_1 = 14.500$ m,$\hat{X}_2^0 = H_C + h_4 = 15.851$ m。

(1)列观测方程。

$$h_1 + v_1 = \hat{X}_1 - H_A$$

$$h_2+v_2=\hat{X}_1-H_B$$

$$h_3+v_3=-\hat{X}_1+\hat{X}_2$$

$$h_4+v_4=\hat{X}_2-H_c$$

将观测值及待定点近似高程代入观测值方程,列出误差方程:

$$v_1=\hat{x}_1$$

$$v_2=\hat{x}_1$$

$$v_3=-\hat{x}_1+\hat{x}_2-1$$

$$v_4=\hat{x}_2$$

确定观测值的权阵。水准测量中各观测值相互独立,设 2 km 观测高程的权为 1,则观测值权阵为

$$\boldsymbol{P}=\begin{bmatrix}2&0&0&0\\0&2&0&0\\0&0&1&0\\0&0&0&2\end{bmatrix}$$

组成法方程。根据误差方程系数矩阵、常数项矩阵和观测值权阵组成法方程:

$$\begin{bmatrix}5&-1\\-1&3\end{bmatrix}\begin{bmatrix}\hat{x}_1\\\hat{x}_2\end{bmatrix}+\begin{bmatrix}1\\-1\end{bmatrix}=0$$

解算法方程。求参数改正数向量 $\hat{\boldsymbol{x}}$ 及参数的协因数阵 $\boldsymbol{Q}_{\hat{X}\hat{X}}$:

$$\begin{bmatrix}\hat{x}_1\\\hat{x}_2\end{bmatrix}=\begin{bmatrix}-0.14\\0.29\end{bmatrix}(\text{mm})$$

$$\boldsymbol{Q}_{\hat{X}\hat{X}}=\boldsymbol{N}^{-1}=\begin{bmatrix}0.21&0.07\\0.07&0.36\end{bmatrix}$$

计算各观测高差平差值 $\hat{h}$。计算参数平差值 $\hat{X}_1=X_1^0+\hat{x}_1=14.4999(\text{m})$,$\hat{X}_2=X_2^0+\hat{x}_2=15.8513(\text{m})$,将求得的参数平差值代入观测值方程,即可求得各观测高差平差值为

$$\hat{h}_1=2.4999\ \text{m},\hat{h}_2=1.9999\ \text{m},\hat{h}_3=1.3514\ \text{m},\hat{h}_4=1.8513\ \text{m}$$

(2)计算各观测值改正数。

将求得的参数改正数向量 $\hat{\boldsymbol{x}}$ 代入误差方程,可得各观测高差改正数为

$$v_1=-0.14\ \text{mm},v_2=-0.14\ \text{mm},v_3=-0.57\ \text{mm},v_4=0.29\ \text{mm}$$

由观测值改正数及权计算单位权中误差,得

$$\hat{\sigma}_0=\sqrt{\frac{\boldsymbol{V}^{\mathrm{T}}\boldsymbol{PV}}{n-t}}\approx\sqrt{\frac{0.57}{2}}\approx0.53(\text{mm})$$

根据协因数和单位权中误差计算 P_2 点高程平差值的精度 $\hat{\sigma}_{\hat{H}_{P_2}}$，得

$$\hat{\sigma}_{\hat{H}_{P_2}} = \hat{\sigma}_0 \sqrt{Q_{\hat{X}_2\hat{X}_2}} = 0.32(\text{mm})$$

(3)列 $P_1 \sim P_2$ 点观测高差平差值的权函数式，并求其协因数。

$$\varphi = \hat{h}_3 = -\hat{X}_1 + \hat{X}_2 = [-1, 1]\begin{bmatrix}\hat{X}_1\\ \hat{X}_2\end{bmatrix}$$

由协方差传播律，可得

$$Q_{\varphi\varphi} = [-1, 1]\boldsymbol{Q}_{\hat{X}\hat{X}}\begin{bmatrix}-1\\ 1\end{bmatrix} = 0.43$$

$P_1 \sim P_2$ 点观测高差平差值的精度 $\hat{\sigma}_{\hat{h}_{P_1P_2}}$ 为

$$\hat{\sigma}_{\hat{h}_{P_1P_2}} = \hat{\sigma}_0 \sqrt{Q_{\varphi\varphi}} \approx 0.35(\text{mm})$$

【例 5-8】 如图 5-9 所示为单一附和导线，观测了 4 个角度和 3 条边长。已知数据列于表 5-4，观测数据见表 5-5，已知先验测角中误差 $\sigma_\beta = 5''$，边长 S_i 的测距中误差 $\sigma_{S_i} = 0.5\sqrt{S_i}\,\text{mm}$，试按参数平差法求以下内容：

(1)各导线点的坐标平差值及点位精度；

(2)各观测值的平差值；

(3)EF 边的方位角及边长中误差与边长相对中误差。

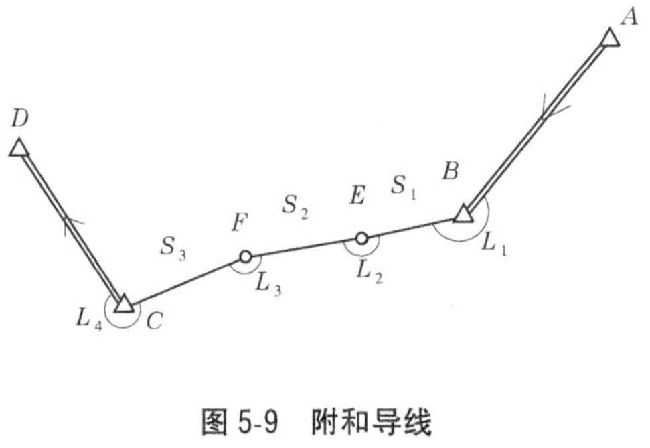

图 5-9　附和导线

表 5-4　起算数据

点名	坐标/m		方位角
	X	Y	
B	203 020. 348	−59 049. 801	$\alpha_{AB} = 226°44'59''$
C	203 059. 503	−59 796. 549	$\alpha_{CD} = 324°46'03''$

表 5-5　观测数据

角名	角度观测值/(°　′　″)	边名	边长观测值/m
L_1	230 32 37	S_1	204. 952
L_2	180 00 42	S_2	200. 130
L_3	170 39 22	S_3	345. 153
L_4	236 48 37		

解：导线测量中确定一个待定点需要 2 个必要观测（极坐标角度距离交会原理），本题中有两个待定点，所以必要观测数 $t=4$，选择待定点坐标平差值为未知参数，即

$$\hat{\boldsymbol{X}}=[\hat{X}_E,\hat{Y}_E,\hat{X}_F,\hat{Y}_F]^{\mathrm{T}}$$

(1) 利用坐标增量公式及坐标正算公式计算待定点近似坐标，见表 5-6。

表 5-6　坐标增量及近似坐标计算

点名	角度观测值/(°　′　″)	坐标方位角/(°　′　″)	观测边长 S/m	近似坐标 X^0/m	近似坐标 Y^0/m
A					
		226 44 59	204. 952		
B	230 32 37			203 020. 348	−59 049. 801
		277 17 36	200. 130		
E	180 00 42			203 046. 366	−59 253. 095
		277 18 18	345. 153		
F	170 39 22			203 071. 813	−59 451. 601
C	236 48 37				
D					

(2) 计算坐标方位角改正数方程的系数及边长改正数方程的系数，见表 5-7。

表 5-7　系数及改正数计算

方向	坐标方位角/(°　′　″)	近似边长 S/m	$\sin\alpha_{jk}^0$	$\cos\alpha_{jk}^0$	a_{jk}	b_{jk}
BE	277 17 36	204. 952	−0. 992	0. 127	−0. 998	0. 128
EF	277 18 18	200. 130	−0. 992	0. 127	−1. 022	+0. 131
FC	267 57 22	345. 153	−0. 999	−0. 036	−0. 597	−0. 021

(3)确定角度和边长观测值的权。

令角度观测值的权为单位权,即设单位权中误差为 $\sigma_0=5''$,各导线边的权为 $p_{S_i}=\dfrac{\sigma_0^2}{\sigma_{S_i}^2}=\dfrac{25}{0.25S_i}$,各观测边的权见表 5-8。

(4)列观测值误差方程。

按式(5-42)列角度误差方程,按式(5-45)列边长误差方程,各误差方程的系数项及常数项列于表 5-8。

表 5-8　误差方程系数及常数项计算

项目		$d\hat{x}_E$	$d\hat{y}_E$	$d\hat{x}_F$	$d\hat{y}_F$	l	p	v	$\hat{L}_i(\hat{S}_i)$
角	L_1	0.998	0.128			0″	1	−4.4″	230°32′33″
	L_2	−2.020	−1.619	1.022	0.131	0″	1	−3.8″	180°00′38″
	L_3	1.022	0.131	−1.619	−0.110	18″	1	−3.2″	170°39′19″
	L_4			0.597	−0.021	−4″	1	−4″	236°48′34″
边	S_1	0.127	−0.992			0	0.49	3.5 mm	204.956 m
	S_2	−0.127	0.992	0.127	−0.992	0	0.50	3.4 mm	200.133 m
	S_3			0.036	0.999	0	0.29	6.2 mm	345.159 m
改正数		−3.9 mm	−4.0 mm	−11.4 mm	−8.4 mm				

(5)组成法方程。

根据表 5-8 中误差方程的系数项、常数项及各观测值的权构成的权阵(对角阵),组成法方程:

$$\begin{bmatrix} 6.137 & 0.660 & -3.727 & -0.314 \\ 0.660 & 1.075 & -0.414 & -0.540 \\ -3.727 & -0.414 & 4.030 & 0.247 \\ -0.314 & -0.540 & 0.247 & 0.811 \end{bmatrix}\begin{bmatrix} d\hat{x}_E \\ d\hat{y}_E \\ d\hat{x}_F \\ d\hat{y}_F \end{bmatrix}+\begin{bmatrix} -18.397 \\ 2.358 \\ 31.687 \\ 6.242 \end{bmatrix}=0$$

(6)解算法方程。

各待定点坐标近似值的改正数列于表 5-8 最后一行,各待定点坐标平差值为

$$\hat{X}_E=203\ 046.362\ \text{m}$$

$$\hat{Y}_E=-59\ 253.099\ \text{m}$$

$$\hat{X}_F=203\ 071.802\ \text{m}$$

$$\hat{Y}_F=-59\ 451.609\ \text{m}$$

(7)计算待定点坐标平差值的协因数阵。

$$
\boldsymbol{Q}_{\hat{X}\hat{X}} = \boldsymbol{N}^{-1} = \begin{bmatrix} 0.383 & -0.122 & 0.344 & -0.037 \\ -0.122 & 1.469 & -0.019 & 0.937 \\ 0.344 & -0.019 & 0.567 & -0.052 \\ -0.037 & 0.937 & -0.052 & 1.859 \end{bmatrix}
$$

(8)求观测值改正数。

将求出的参数代入改正数方程,即可计算各观测值改正数,列于表5-8。

(9)计算单位权方差。

$$
\hat{\sigma}_0 = \sqrt{\frac{\boldsymbol{V}^{\mathrm{T}}\boldsymbol{P}\boldsymbol{V}}{n-t}} = \sqrt{\frac{73.69}{3}} \approx 5.0('')
$$

(10)评定待定点坐标平差值的精度。

点位中误差的计算公式为

$$
\hat{\sigma}_P = \hat{\sigma}_0 \sqrt{Q_{\hat{X}\hat{X}} + Q_{\hat{Y}\hat{Y}}}
$$

将E、F点坐标对应的协因数、单位权中误差代入上式,有

$$
\hat{\sigma}_E = 5.0 \times \sqrt{0.383 + 1.469} \approx 6.8\ (\mathrm{mm})
$$

$$
\hat{\sigma}_F = 5.0 \times \sqrt{0.567 + 1.859} \approx 7.8\ (\mathrm{mm})
$$

(11)列EF边方位角与边长的权函数式。

由表5-8,EF边方位角与边长平差值的权函数式的系数分别为

方位角

$$
\boldsymbol{F}_1 = [-1.022, -0.131, 1.022, 0.131]^{\mathrm{T}}
$$

边长

$$
\boldsymbol{F}_2 = [-0.127, 0.992, 0.127, -0.992]^{\mathrm{T}}
$$

(12)求EF边方位角与边长平差值的协因数。

方位角平差值的协因数:

$$
Q_{\varphi_1\varphi_1} = \boldsymbol{F}_1^{\mathrm{T}}\boldsymbol{Q}_{\hat{X}\hat{X}}\boldsymbol{F}_1 = 0.2677
$$

边长平差值的协因数:

$$
Q_{\varphi_2\varphi_2} = \boldsymbol{F}_2^{\mathrm{T}}\boldsymbol{Q}_{\hat{X}\hat{X}}\boldsymbol{F}_2 = 1.4641
$$

(13)求EF边方位角与边长平差值的中误差。

根据单位权中误差及相应的协因数,EF边方位角平差值的中误差为

$$
\sigma_{\hat{\alpha}_{EF}} = \hat{\sigma}_0\sqrt{Q_{\varphi_1\varphi_1}} = 5.0 \times \sqrt{0.2677} \approx 2.6('')
$$

EF边长平差值的中误差为

$$
\sigma_{S_{EF}} = \hat{\sigma}_0\sqrt{Q_{\varphi_2\varphi_2}} = 5.0 \times \sqrt{1.4641} \approx 6.1\ (\mathrm{mm})
$$

EF边长平差值的相对中误差为

$$
\frac{\sigma_{S_{EF}}}{S_{EF}} = \frac{6.1}{200\,133} \approx \frac{1}{32\,809}
$$

在此需要说明的是，本书中的矩阵运算全部经 MATLAB 矩阵计算软件计算，利用 MATLAB 矩阵计算软件进行矩阵运算十分方便，请读者自行参考 MATLAB 矩阵运算软件相关参考资料。

第五节　参数平差特例——一个量观测结果的平差

参数平差中，若未知参数只有一个，且观测值相互独立时，误差方程为

$$\begin{cases} v_i = a_i\hat{x} + l_i \\ l_i = d_i - L_i \end{cases} \quad (i = 1,2,\cdots,n)$$

法方程为

$$\left(\sum_{i=1}^{n} p_i a_i^2\right)\hat{x} + \sum_{i=1}^{n} p_i a_i l_i = 0$$

解法方程得

$$\hat{x} = -\frac{\sum_{i=1}^{n} p_i a_i l_i}{\sum_{i=1}^{n} p_i a_i^2} \tag{5-65}$$

若对一个未知量进行了 n 次不等精度观测，必要观测数为 1，取该量最或然值为未知参数，则有误差方程：

$$v_i = \hat{x} - L_i \tag{5-66}$$

法方程为

$$\sum_{i=1}^{n} p_i\hat{x} - \sum_{i=1}^{n} p_i L_i = 0$$

解法方程得

$$\hat{x} = \frac{\sum_{i=1}^{n} p_i L_i}{\sum_{i=1}^{n} p_i} \tag{5-67}$$

此时称 $\hat{x}$ 为加权平均值。

单位权中误差为

$$\hat{\sigma}_0 = \sqrt{\frac{\sum_{i=1}^{n} p_i v_i^2}{n-1}} \tag{5-68}$$

$\hat{x}$ 的协因数和权为

$$Q_{\hat{x}\hat{x}} = N^{-1} = \frac{1}{\sum_{i=1}^{n} p_i}, p_{\hat{x}} = \sum_{i=1}^{n} p_i$$

$\hat{x}$ 的中误差为

$$\hat{\sigma}_{\hat{x}} = \hat{\sigma}_0 \sqrt{Q_{\hat{x}\hat{x}}} = \hat{\sigma}_0 \sqrt{\frac{1}{\sum_{i=1}^{n} p_i}} \tag{5-69}$$

当各观测量精度相同时,则有

$$\hat{x} = \frac{\sum_{i=1}^{n} L_i}{n} \tag{5-70}$$

即一个量的 n 次等精度观测结果的算术中数,就是这个量的最或然值。

【例 5-9】 如图 5-10 所示为有一个节点的水准网,A、B、C 为已知点,P 为待定点,已知 $H_A = 1.910$ m、$H_B = 2.870$ m、$H_C = 6.890$ m,观测高差及相应的路线长度为 $h_1 = 3.552$ m、$h_2 = 2.605$ m、$h_3 = 1.425$ m,$S_1 = 2$ km、$S_2 = 6$ km、$S_3 = 3$ km。试求:

(1)P 点的高程平差值;

(2)P 点平差后高程的中误差。

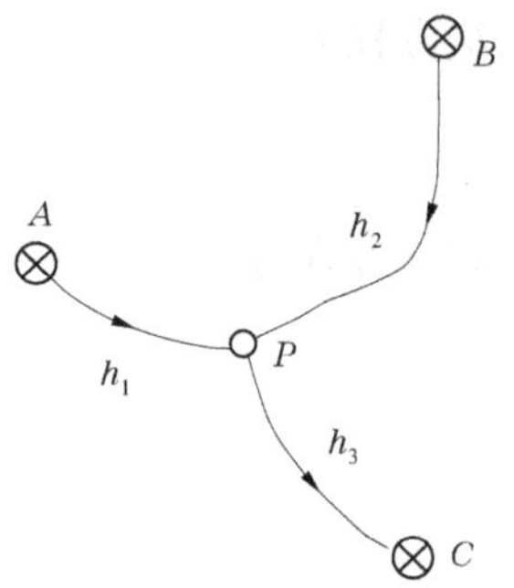

图 5-10 水准网

解:设 6 km 观测高差为单位权观测高差,则各路线观测高差的权 $p_i = \frac{6}{S_i}$,即 $p_1 = 3, p_2 = 1, p_3 = 2$。

(1)按不同水准路线计算 P 点高程值。

$H_1 = H_A + h_1 = 5.462(\text{m}), H_2 = H_B + h_2 = 5.475(\text{m}), H_3 = H_C - h_3 = 5.465(\text{m})$

按式(5-69)计算 P 点的高程平差值。

$$\hat{H}_p = \frac{3 \times 5.462 + 1 \times 5.475 + 2 \times 5.465}{3 + 1 + 2} \approx 5.465\,2\ (\text{m})$$

(2)根据 P 点高程平差值计算观测高差改正数。

$v_1 = \hat{h}_1 - h_1 = 3.2\ (\text{mm}), v_2 = \hat{h}_2 - h_2 = -9.8\ (\text{mm}), v_3 = \hat{h}_3 - h_3 = -0.2\ (\text{mm})$

计算单位权中误差。

本题待定点数为 1,所以必要观测数为 1,按式(5-68)可得

$$\hat{\sigma}_0 = \sqrt{\frac{\sum_{i=1}^{n} p_i v_i^2}{3 - 1}} = \sqrt{\frac{126.84}{2}} \approx 8.0\ (\text{mm})$$

计算 P 点高程平差值的中误差:

$$\hat{\sigma}_{\hat{H}_P} = \frac{\hat{\sigma}_0}{\sqrt{\sum_{i=1}^{n} p_i}} = \frac{8.0}{\sqrt{6}} \approx 3.3\ (\text{mm})$$

第六章　条件平差

第五章介绍了从确定几何模型的 t 个必要观测数出发，选定 t 个独立未知参数后，列出 n 个观测值方程组成矩阵方程，依最小二乘原理求得参数最优解的参数平差法。本章从 r 个多余观测出发，介绍条件方程组的联立及在最小二乘准则下解算改正值向量 $\boldsymbol{V}$ 的最优估值并进行精度评定的条件平差法。

第一节　条件平差原理

为了获得更可靠的观测成果，在测量实践当中，总是对一个几何模型进行超出 t 个必要观测数的多余观测。设总的观测次数为 n 个，必要观测数为 t 个，则多余观测数 $r(r=n-t)$ 个。此时，每多一个多余观测值，该观测值的真值必然可表达为 t 个必要观测值真值的函数，即形成一个方程，该方程称为条件方程。若一个平差问题有 r 个多余观测，则应列出 r 个条件方程组成条件方程组，线性形式的方程组（非线性方程需线性化）记为矩阵方程的形式，即为条件平差的函数模型。

一、条件方程

【例 6-1】　如图 6-1 所示，为了确定平面 $\triangle ABC$ 的形状（相似形），观测了三个内角 L_1、L_2、L_3，它们的真值分别为 $\widetilde{L}_1$、$\widetilde{L}_2$、$\widetilde{L}_3$，总的观测次数为 3 个，必要观测数为 2 个，则多余观测数 1 个，可以组成一个观测量真值条件方程，设该问题有 2 个必须观测值真值为 $\widetilde{L}_1$、$\widetilde{L}_2$，则多余观测值的真值必然可以表示为必须观测值真值的函数。

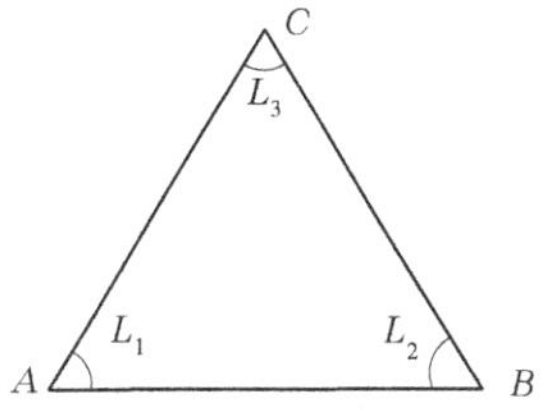

图 6-1　三角形

事实上，由平面三角形的内角和条件，可写出一个条件方程：

$$\widetilde{L}_1+\widetilde{L}_2+\widetilde{L}_3-180^\circ=0 \tag{6-1}$$

式(6-1)为真值条件方程，如果以带有偶然误差的观测值 L_1、L_2、L_3 代入方程，通常等式不再成立。观测量的真值通常是未知的，只能根据最优估计方法，对观测值加改正数 v_i 进行调整，求得观测值的平差值。平差值 $\hat{L}_1$、$\hat{L}_2$、$\hat{L}_3$ 应满足三角形内角和条件：

$$\hat{L}_1+\hat{L}_2+\hat{L}_3-180^\circ=0 \tag{6-2}$$

式(6-2)为平差值条件方程，以 $\hat{L}_i=L_i+v_i(i=1,2,3)$ 代入式(6-2)，得

$$v_1+v_2+v_3+w=0 \tag{6-3}$$

其中：

$$w=L_1+L_2+L_3-180^\circ \tag{6-4}$$

式(6-3)称为改正数条件方程,式(6-4)为条件方程的自由项。

可以将式(6-3)写为矩阵方程的形式:

$$[1,1,1]\begin{bmatrix}v_1\\v_2\\v_3\end{bmatrix}+[180°]=0 \tag{6-5}$$

【例6-2】 如图6-2所示,已知A点高程为H_A,欲求B、C、D三个待定点高程,观测了5段水准路线,高差观测值为h_1、h_2、h_3、h_4、h_5,试列出条件方程。

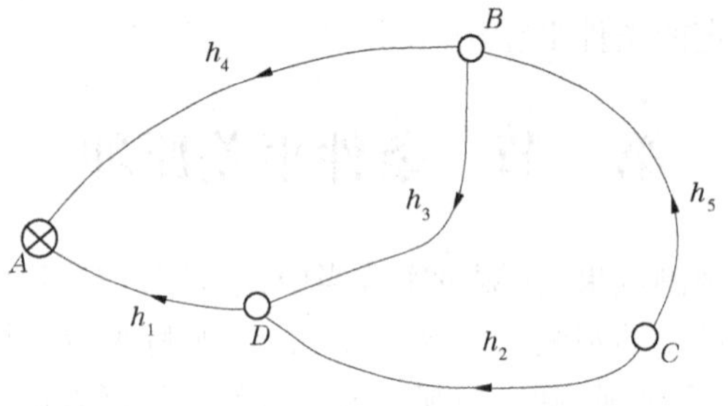

图6-2　水准网

解: 本例已知A点高程,观测了5段高差,欲求3个待定点高程,需测3段高差,故必要观测数为3个,所以多余观测数为2个,需列出2个线性无关的条件方程。

若选择3段独立高差的平差值$\hat{h}_1$、$\hat{h}_2$、$\hat{h}_3$为必要观测,则$\hat{h}_4$、$\hat{h}_5$均可表示为$\hat{h}_1$、$\hat{h}_2$、$\hat{h}_3$的函数(方程),可列出2个条件方程,即

$$\begin{cases}\hat{h}_1+\hat{h}_3-\hat{h}_4=0\\\hat{h}_2-\hat{h}_3-\hat{h}_5=0\end{cases} \tag{6-6}$$

矩阵方程形式为

$$\begin{bmatrix}1&0&1&-1&0\\0&1&-1&0&-1\end{bmatrix}\begin{bmatrix}\hat{h}_1\\\hat{h}_2\\\hat{h}_3\\\hat{h}_4\\\hat{h}_5\end{bmatrix}=\begin{bmatrix}0\\0\end{bmatrix} \tag{6-7}$$

若选择另三段独立高差的平差值$\hat{h}_1$、$\hat{h}_2$、$\hat{h}_5$为必要观测,则$\hat{h}_3$、$\hat{h}_4$均可表示为$\hat{h}_1$、$\hat{h}_2$、$\hat{h}_5$的函数(方程),列出2个条件方程为

$$\begin{cases}\hat{h}_1+\hat{h}_2-\hat{h}_4-\hat{h}_5=0\\\hat{h}_2-\hat{h}_3-\hat{h}_5=0\end{cases} \tag{6-8}$$

矩阵方程形式为

$$\begin{bmatrix} 1 & 1 & 0 & -1 & -1 \\ 0 & 1 & -1 & 0 & -1 \end{bmatrix} \begin{bmatrix} \hat{h}_1 \\ \hat{h}_2 \\ \hat{h}_3 \\ \hat{h}_4 \\ \hat{h}_5 \end{bmatrix} = \begin{bmatrix} 0 \\ 0 \end{bmatrix} \tag{6-9}$$

容易看出，对于 r 个条件方程来说，可以有不同的组合形式，方程组(6-6)和方程组(6-8)形式是不同的，矩阵方程的系数矩阵也不同，但是这两组方程组为等价方程组。显然，方程组(6-6)中第一个方程加上第二个方程，即为方程组(6-8)中的第一个方程。虽然可以列出更多的观测值平差值条件方程，但是其中只有两个方程是线性无关的。

还可以看出，条件方程组中，方程个数 r 小于未知数个数 n，根据线性方程组解的结构，条件方程组有无穷多解，需要按最小二乘准则，求出改正数向量的最优估值。

一般情况下，设平差问题中有 n 个观测值，其中必须观测数为 t 个，则应列出 r 个观测值平差值条件方程：

$$\begin{cases} b_{11}\hat{L}_1 + b_{12}\hat{L}_2 + \cdots + b_{1n}\hat{L}_n + b_{10} = 0 \\ b_{21}\hat{L}_1 + b_{22}\hat{L}_2 + \cdots + b_{2n}\hat{L}_n + b_{20} = 0 \\ \qquad\qquad \vdots \\ b_{r1}\hat{L}_1 + b_{r2}\hat{L}_2 + \cdots + b_{rn}\hat{L}_n + b_{r0} = 0 \end{cases} \tag{6-10}$$

式(6-10)称为平差值条件方程(组)。其中，$b_{ij}(i=1,2,\cdots,r;j=1,2,\cdots,n)$ 为条件方程系数，$b_{10},b_{20},\cdots,b_{r0}$ 为条件方程常数项，系数和常数项与平差问题的性质有关，与观测值大小无关。

将 $\hat{L}=L+V$ 代入式(6-10)，可得

$$\begin{cases} b_{11}\hat{v}_1 + b_{12}\hat{v}_2 + \cdots + b_{1n}\hat{v}_n + w_{10} = 0 \\ b_{21}\hat{v}_1 + b_{22}\hat{v}_2 + \cdots + b_{2n}\hat{v}_n + w_{20} = 0 \\ \qquad\qquad \vdots \\ b_{r1}\hat{v}_1 + b_{r2}\hat{v}_2 + \cdots + b_{rn}\hat{v}_n + w_{r0} = 0 \end{cases} \tag{6-11}$$

式(6-11)为改正数条件方程，其中：

$$\begin{cases} w_{10} = b_{11}L_1 + b_{12}L_2 + \cdots + b_{1n}L_n + b_{10} \\ w_{20} = b_{21}L_1 + b_{22}L_2 + \cdots + b_{2n}L_n + b_{20} \\ \qquad\qquad \vdots \\ w_{r0} = b_{r1}L_1 + b_{r2}L_2 + \cdots + b_{rn}L_n + b_{r0} \end{cases} \tag{6-12}$$

令

$$\underset{rn}{\boldsymbol{B}} = \begin{bmatrix} b_{11} & b_{12} & \cdots & b_{1n} \\ b_{21} & b_{22} & \cdots & b_{2n} \\ \vdots & \vdots & & \vdots \\ b_{r1} & b_{r2} & \cdots & b_{rn} \end{bmatrix}, \underset{r1}{\boldsymbol{W}} = \begin{bmatrix} w_{10} \\ w_{20} \\ \vdots \\ w_{r0} \end{bmatrix}, \underset{n1}{\boldsymbol{V}} = \begin{bmatrix} v_1 \\ v_2 \\ \vdots \\ v_n \end{bmatrix}$$

$$\underset{n1}{\boldsymbol{L}} = \begin{bmatrix} L_1 \\ L_2 \\ \vdots \\ L_n \end{bmatrix}, \underset{r1}{\boldsymbol{B}_0} = \begin{bmatrix} b_{10} \\ b_{20} \\ \vdots \\ b_{r0} \end{bmatrix}$$

则式(6-10)可写为矩阵方程的形式：

$$\boldsymbol{B}\hat{\boldsymbol{L}} + \boldsymbol{B}_0 = 0 \tag{6-13}$$

同样，式(6-11)、式(6-12)可写为

$$\boldsymbol{BV} + \boldsymbol{W} = 0 \tag{6-14}$$

$$\boldsymbol{W} = \boldsymbol{BL} + \boldsymbol{B}_0 \tag{6-15}$$

二、条件平差的估值公式——改正数方程和法方程

由式(6-11)可知，条件方程组中方程个数为 r，未知数个数为 n，方程个数小于未知数个数，方程组有无穷多解。

为了求得条件方程组中改正值向量的唯一解，要求附加约束条件，即满足最小二乘准则 $\boldsymbol{V}^{\mathrm{T}}\boldsymbol{PV}=\min$。

在数学上，条件平差就是按照求条件极值的拉格朗日乘数法，在满足 $\boldsymbol{BV}+\boldsymbol{W}=0$ 的条件下，求出使函数 $\boldsymbol{V}^{\mathrm{T}}\boldsymbol{PV}=\min$ 的改正值向量 $\boldsymbol{V}$。

$$\boldsymbol{BV} + \boldsymbol{W} = 0$$

组成条件极值函数：

$$\boldsymbol{\Phi} = \boldsymbol{V}^{\mathrm{T}}\boldsymbol{PV} - 2\boldsymbol{K}^{\mathrm{T}}(\boldsymbol{BV} + \boldsymbol{W})$$

式中：$\underset{r1}{\boldsymbol{K}}$ 为联系数向量，$\underset{r1}{\boldsymbol{K}} = [k_1, k_2, \cdots, k_r]^{\mathrm{T}}$，对上式求一阶导数，并令其为零，得

$$\frac{\mathrm{d}\boldsymbol{\Phi}}{\mathrm{d}\boldsymbol{V}} = 2\boldsymbol{V}^{\mathrm{T}}\boldsymbol{P} - 2\boldsymbol{V}^{\mathrm{T}}\boldsymbol{B} = 0$$

移项并两边转置，得

$$\boldsymbol{PV} = \boldsymbol{B}^{\mathrm{T}}\boldsymbol{K}$$

上式两端左乘 $\boldsymbol{P}^{-1}$，得

$$\boldsymbol{V} = \boldsymbol{P}^{-1}\boldsymbol{B}^{\mathrm{T}}\boldsymbol{K} = \boldsymbol{QB}^{\mathrm{T}}\boldsymbol{K} \tag{6-16}$$

式(6-16)称为改正数方程。将改正数方程代入条件方程式(6-14)，则有

$$\boldsymbol{BP}^{-1}\boldsymbol{B}^{\mathrm{T}}\boldsymbol{K} + \boldsymbol{W} = 0 \tag{6-17}$$

设 $\boldsymbol{N}=\boldsymbol{BP}^{-1}\boldsymbol{B}^{\mathrm{T}}$，又得

$$\underset{rr}{\boldsymbol{N}}\underset{r1}{\boldsymbol{K}} + \underset{r1}{\boldsymbol{W}} = 0 \tag{6-18}$$

式(6-17)及式(6-18)称为联系数法方程。在此应注意参数平差和条件平差法方程系

数矩阵的区别。不难看出,条件平差法方程系数阵 $\boldsymbol{N}$ 为对称阵,其秩为 r,故其逆阵存在,由此得联系数向量 $\underset{r1}{\boldsymbol{K}}$ 的解为

$$\boldsymbol{K} = -\boldsymbol{N}^{-1}\boldsymbol{W} \tag{6-19}$$

将 $\boldsymbol{K}$ 代入式(6-16),可求出改正数向量 $\boldsymbol{V}$,最后按 $\hat{\boldsymbol{L}}=\boldsymbol{L}+\boldsymbol{V}$ 求出观测值平差值向量 $\hat{\boldsymbol{L}}$。

若观测值相互独立,则观测值的权逆阵为对角阵,改正数方程和法方程的纯量形式分别为

$$v_i = \frac{1}{p_i}(b_{i1}k_1 + b_{i2}k_2 + \cdots + b_{ir}k_r) \quad (i = 1,2,\cdots,n) \tag{6-20}$$

$$\begin{cases} \left[\dfrac{b_1b_1}{p}\right]k_1 + \left[\dfrac{b_1b_2}{p}\right]k_2 + \cdots + \left[\dfrac{b_1b_r}{p}\right]k_r + w_1 = 0 \\ \left[\dfrac{b_2b_1}{p}\right]k_1 + \left[\dfrac{b_2b_2}{p}\right]k_2 + \cdots + \left[\dfrac{b_2b_r}{p}\right]k_r + w_2 = 0 \\ \qquad\qquad\vdots \\ \left[\dfrac{b_rb_1}{p}\right]k_1 + \left[\dfrac{b_rb_2}{p}\right]k_2 + \cdots + \left[\dfrac{b_rb_r}{p}\right]k_r + w_r = 0 \end{cases} \tag{6-21}$$

三、条件平差计算步骤及示例

按条件平差法进行平差的主要计算步骤可以归纳如下:

(1)根据实际问题及观测量情况,确定条件方程的个数,列出条件方程组。条件方程的个数等于多余观测数 r 。

(2)定权。根据定权原理确定各观测值的权。

(3)根据条件方程的系数矩阵、闭合差及观测值的权阵组成法方程。

(4)解算法方程,求出联系数向量 $\boldsymbol{K}$。

(5)根据改正数方程计算观测值改正数向量。

(6)计算观测值平差值并检验正确性。

(7)精度评定(见本章第二节)。

【例 6-3】 如图 6-1 所示,为确定三角形的形状(相似形),等精度观测了三角形的三个内角 L_1、L_2、L_3,得观测值 $L_1 = 42°38'17''$,$L_2 = 60°15'24''$,$L_3 = 77°06'31''$ 。试按条件平差法求 3 个内角的平差值 $\hat{L}_i(i = 1,2,3)$ 。

解:(1)确定条件方程的个数,列出条件方程组。本例中 $n=3$,$t=2$,$r=3-2=1$,应列出一个条件方程。

观测值平差值条件方程为

$$\hat{L}_1 + \hat{L}_2 + \hat{L}_2 - 180° = 0$$

将 $\hat{L}_i = L_i + v_i(i = 1,2,3)$ 代入上式,得改正数条件方程为

$$v_1 + v_2 + v_3 + 12'' = 0$$

(2)定权。因观测值等精度,考虑权比均为1,观测值权阵可定为单位阵 $\boldsymbol{I}$,权逆阵也为单位阵 $\boldsymbol{I}$。

(3)组成法方程。本例中只有一个条件方程,故法方程为

$$\boldsymbol{B}\boldsymbol{P}^{-1}\boldsymbol{B}^{\mathrm{T}}k + w = [1,1,1]\begin{bmatrix}1 & 0 & 0\\0 & 1 & 0\\0 & 0 & 1\end{bmatrix}\begin{bmatrix}1\\1\\1\end{bmatrix}k + 12 = 0$$

得

$$3k + 12 = 0$$

(4)解算法方程,求出联系数向量 $\boldsymbol{K}=(-4)$。

(5)计算观测值改正数向量。

$$\boldsymbol{V} = \begin{bmatrix}v_1\\v_2\\v_3\end{bmatrix} = \boldsymbol{P}^{-1}\boldsymbol{B}^{\mathrm{T}}\boldsymbol{K} = \begin{bmatrix}1 & 0 & 0\\0 & 1 & 0\\0 & 0 & 1\end{bmatrix} \times \begin{bmatrix}1\\1\\1\end{bmatrix} \times (-4) = \begin{bmatrix}-4\\-4\\-4\end{bmatrix}('')$$

(6)计算观测值平差值并检验正确性。

$$\hat{\boldsymbol{L}} = \begin{bmatrix}\hat{L}_1\\\hat{L}_2\\\hat{L}_3\end{bmatrix} + \begin{bmatrix}L_1 + v_1\\L_2 + v_2\\L_3 + v_3\end{bmatrix} = \begin{bmatrix}42°38'13''\\60°15'20''\\77°06'27''\end{bmatrix}$$

经检验,平差后 $\hat{L}_1 + \hat{L}_2 + \hat{L}_3 - 180° = 0$,满足平面三角形内角和条件,平差计算正确。

第二节　精度评定

一、单位权方差及单位权中误差

条件平差中,多余观测数 $r=n-t$,根据第五章式(5-57),有

$$\hat{\sigma}_0 = \sqrt{\frac{\boldsymbol{V}^{\mathrm{T}}\boldsymbol{P}\boldsymbol{V}}{r}} \tag{6-22}$$

其中,$\boldsymbol{V}^{\mathrm{T}}\boldsymbol{P}\boldsymbol{V}$ 还可由下式计算:

$$\boldsymbol{V}^{\mathrm{T}}\boldsymbol{P}\boldsymbol{V} = \boldsymbol{V}^{\mathrm{T}}\boldsymbol{P}\boldsymbol{P}^{-1}\boldsymbol{B}^{\mathrm{T}}\boldsymbol{K} = (\boldsymbol{B}\boldsymbol{V})^{\mathrm{T}}\boldsymbol{K} = -\boldsymbol{W}^{\mathrm{T}}\boldsymbol{K} = \boldsymbol{W}^{\mathrm{T}}\boldsymbol{N}^{-1}\boldsymbol{W} \tag{6-23}$$

二、相关向量的协因数阵

在条件平差中,已知 $\boldsymbol{Q}_{LL}=\boldsymbol{Q}$,基本向量为 $\boldsymbol{L}$、$\boldsymbol{W}$、$\boldsymbol{K}$、$\boldsymbol{V}$ 和 $\hat{\boldsymbol{L}}$,它们都是观测值向量的函数,由协因数传播定律,可以方便地求得各向量及各向量间的协因数阵和互协因数阵。

令

$$\boldsymbol{Z}^{\mathrm{T}} = [\boldsymbol{L}^{\mathrm{T}} \quad \boldsymbol{W}^{\mathrm{T}} \quad \boldsymbol{K}^{\mathrm{T}} \quad \boldsymbol{V}^{\mathrm{T}} \quad \hat{\boldsymbol{L}}^{\mathrm{T}}]$$

则 $\boldsymbol{Z}$ 的协因数阵可表示为分块矩阵:

$$Q_{ZZ}=\begin{bmatrix} Q_{LL} & Q_{LW} & Q_{LK} & Q_{LV} & Q_{L\hat{L}} \\ Q_{WL} & Q_{WW} & Q_{WK} & Q_{WV} & Q_{W\hat{L}} \\ Q_{KL} & Q_{KW} & Q_{KK} & Q_{KV} & Q_{K\hat{L}} \\ Q_{VL} & Q_{VW} & Q_{VK} & Q_{VV} & Q_{V\hat{L}} \\ Q_{\hat{L}L} & Q_{\hat{L}W} & Q_{\hat{L}K} & Q_{\hat{L}V} & Q_{\hat{L}\hat{L}} \end{bmatrix}$$

上式中对角线上的子矩阵为各基本向量的协因数阵，对角线以外的子矩阵是向量间的互协因数阵。

将基本向量均表达为观测值向量 L 的函数，找出系数矩阵，即可按协因数传播定律，得出各基本向量的协因数阵及基本向量间的互协因数阵。

基本向量与 L 的函数关系为

$$\begin{aligned} &L=L \\ &W=BL+B_0 \\ &K=-N^{-1}W=-N^{-1}BL-N^{-1}B_0 \\ &V=QB^{\mathrm{T}}K=-QB^{\mathrm{T}}N^{-1}BL-QB^{\mathrm{T}}N^{-1}B_0 \\ &\hat{L}=L+V=(I-QB^{\mathrm{T}}N^{-1}B)L-QB^{\mathrm{T}}N^{-1}B_0 \end{aligned}$$

在以上函数关系中，已经得到各基本向量和观测值向量 L 相关的系数矩阵，可以由协因数传播定律导出以下协因数阵：

$$\begin{aligned} &Q_{LL}=Q \\ &Q_{WW}=BQB^{\mathrm{T}}=N \\ &Q_{KK}=N^{-1}BQB^{\mathrm{T}}N^{-1}=N^{-1}NN^{-1}=N^{-1} \\ &Q_{VV}=QB^{\mathrm{T}}N^{-1}BQB^{\mathrm{T}}N^{-1}BQ=QB^{\mathrm{T}}N^{-1}BQ \\ &Q_{\hat{L}\hat{L}}=(I-QB^{\mathrm{T}}N^{-1}B)Q(I-QB^{\mathrm{T}}N^{-1}B)^{\mathrm{T}}=Q-QB^{\mathrm{T}}N^{-1}BQ \\ &Q_{LW}=QB^{\mathrm{T}} \\ &Q_{LK}=-QB^{\mathrm{T}}N^{-1} \\ &Q_{LV}=-QB^{\mathrm{T}}N^{-1}BQ \\ &Q_{L\hat{L}}=Q(I-QB^{\mathrm{T}}N^{-1}B)^{\mathrm{T}}=Q-QB^{\mathrm{T}}N^{-1}BQ \\ &Q_{WK}=-BQB^{\mathrm{T}}N^{-1}=-NN^{-1}=-I \\ &Q_{WV}=-BQB^{\mathrm{T}}N^{-1}BQ=-NN^{-1}BQ=-BQ \end{aligned}$$

$$Q_{W\hat{L}} = BQ(I - QB^{\mathrm{T}}N^{-1}B)^{\mathrm{T}} = BQ - BQ = 0$$

$$Q_{KV} = N^{-1}BQB^{\mathrm{T}}N^{-1}BQ = N^{-1}BQ$$

$$Q_{K\hat{L}} = - N^{-1}BQ(I - QB^{\mathrm{T}}N^{-1}B)^{\mathrm{T}} = - N^{-1}BQ + N^{-1}BQ = 0$$

$$Q_{V\hat{L}} = - QB^{\mathrm{T}}N^{-1}BQ(I - QB^{\mathrm{T}}N^{-1}B)^{\mathrm{T}} = - QB^{\mathrm{T}}N^{-1}BQ + QB^{\mathrm{T}}N^{-1}BQ = 0$$

需要注意,上式互协因数阵中有些为零阵,这表明这两个向量间没有相关关系。

三、平差值和平差值函数的中误差

条件平差方程组中的未知数是改正数向量 V,求出 V 后即可根据观测值求得观测值平差值向量 $\hat{L}$,如三角网中的角度观测值平差值、水准网中的高程观测值平差值等。但是在实际问题中,需要求出测量控制网中控制点的坐标平差值以及一些其他的几何量,如边长、方位角的平差值等。这些量不是直接观测值,它们是直接观测值的函数,需要由已知数据和观测值平差值进行推算。观测值平差值的协因数阵已经求出,如下:

$$Q_{\hat{L}\hat{L}} = Q - QB^{\mathrm{T}}N^{-1}BQ$$

当然可以进一步由协因数传播定律求得观测值平差值函数的协因数阵。前文已经求得了单位权中误差的估值,进而可以求得观测值平差值函数的中误差,完成精度评定工作。

一般设平差值函数为

$$\varphi = f(\hat{L}_1, \hat{L}_2, \cdots, \hat{L}_n) \tag{6-24}$$

其具体形式可能是线性方程,如水准网中高程的计算;也可能是非线性方程,如三角网中点位坐标、边长的计算。可以将非线性的函数进行泰勒级数展开舍去二次以上项进行线性化,也可以对式(6-24)进行全微分,从而得到函数关于观测值平差值的线性系数矩阵。

将式(6-24)全微分,有

$$\mathrm{d}\varphi = \left(\frac{\partial f}{\partial \hat{L}_1}\right)_0 \mathrm{d}\hat{L}_1 + \left(\frac{\partial f}{\partial \hat{L}_2}\right)_0 \mathrm{d}\hat{L}_2 + \cdots + \left(\frac{\partial f}{\partial \hat{L}_n}\right)_0 \mathrm{d}\hat{L}_n \tag{6-25}$$

式中:$\left(\frac{\partial f}{\partial \hat{L}_i}\right)_0$ 为用 $\hat{L}_i$ 的值代入各偏导数后计算的常数项,令其记为 f_i,则有

$$\mathrm{d}\varphi = f_1\mathrm{d}\hat{L}_1 + f_2\mathrm{d}\hat{L}_2 + \cdots + f_n\mathrm{d}\hat{L}_n \tag{6-26}$$

式(6-26)称为权函数式,其矩阵形式为

$$\mathrm{d}\varphi = \boldsymbol{f}^{\mathrm{T}}\mathrm{d}\hat{\boldsymbol{L}} = [f_1, f_2, \cdots, f_n]\begin{bmatrix}\mathrm{d}\hat{L}_1 \\ \mathrm{d}\hat{L}_2 \\ \vdots \\ \mathrm{d}\hat{L}_n\end{bmatrix} \tag{6-27}$$

由协因数传播律，可得

$$Q_{\varphi\varphi}=\boldsymbol{f}^{\mathrm{T}}\boldsymbol{Q}_{\hat{L}\hat{L}}\boldsymbol{f}=\boldsymbol{f}^{\mathrm{T}}\boldsymbol{Q}\boldsymbol{f}-(\boldsymbol{B}\boldsymbol{Q}\boldsymbol{f})^{\mathrm{T}}\boldsymbol{N}^{-1}\boldsymbol{B}\boldsymbol{Q}\boldsymbol{f} \tag{6-28}$$

式(6-28)即为观测值平差值函数的协因数计算公式。则平差值函数的中误差为

$$\hat{\sigma}_{\varphi}=\hat{\sigma}_0\sqrt{Q_{\varphi\varphi}} \tag{6-29}$$

第三节　条件平差公式汇编及示例

一、公式汇编

条件平差的函数模型：

$$\boldsymbol{B}\hat{\boldsymbol{L}}+\boldsymbol{B}_0=0 \quad 或 \quad \boldsymbol{B}\boldsymbol{V}+\boldsymbol{W}=0$$

条件平差的随机模型：

$$\boldsymbol{D}=\sigma_0^2\boldsymbol{Q}=\sigma_0^2\boldsymbol{P}^{-1}$$

法方程：

$$\boldsymbol{N}\boldsymbol{K}+\boldsymbol{W}=0$$

联系数 $\boldsymbol{K}$ 的解：

$$\boldsymbol{K}=-\boldsymbol{N}^{-1}\boldsymbol{W}$$

方差与协因数的关系表达式：

$$\sigma_i^2=\sigma_0^2Q_{ii}$$

改正数向量 $\boldsymbol{V}$：

$$\boldsymbol{V}=\boldsymbol{P}^{-1}\boldsymbol{B}^{\mathrm{T}}\boldsymbol{K}=-\boldsymbol{P}^{-1}\boldsymbol{B}^{\mathrm{T}}\boldsymbol{N}^{-1}\boldsymbol{W}$$

观测量平差值函数：

$$\varphi=f(\hat{L}_1,\hat{L}_2,\cdots,\hat{L}_n)$$

平差值函数的权函数的一般表达式：

$$\mathrm{d}\varphi=f_1\mathrm{d}\hat{L}_1+f_2\mathrm{d}\hat{L}_2+\cdots+f_n\mathrm{d}\hat{L}_n$$

单位权方差的估值的计算公式：

$$\sigma_0^2=\frac{\boldsymbol{V}^{\mathrm{T}}\boldsymbol{P}\boldsymbol{V}}{r}$$

平差值函数协因数的计算公式：

$$Q_{\varphi\varphi}=\boldsymbol{f}^{\mathrm{T}}\boldsymbol{Q}\boldsymbol{f}-(\boldsymbol{A}\boldsymbol{Q}\boldsymbol{f})^{\mathrm{T}}\boldsymbol{N}^{-1}(\boldsymbol{A}\boldsymbol{Q}\boldsymbol{f})$$

平差值函数的中误差计算公式：

$$\hat{\sigma}_{\varphi}=\hat{\sigma}_0\sqrt{Q_{\varphi\varphi}}$$

条件平差基本向量的协因数阵和互协因数阵如下：

$$Q_{LL}=Q$$

$$Q_{WW}=BQB^{\mathrm{T}}=N$$

$$Q_{KK}=N^{-1}BQB^{\mathrm{T}}N^{-1}=N^{-1}NN^{-1}=N^{-1}$$

$$Q_{VV}=QB^{\mathrm{T}}N^{-1}BQB^{\mathrm{T}}N^{-1}BQ=QB^{\mathrm{T}}N^{-1}BQ$$

$$Q_{\hat{L}\hat{L}}=(I-QB^{\mathrm{T}}N^{-1}B)Q(I-QB^{\mathrm{T}}N^{-1}B)^{\mathrm{T}}=Q-QB^{\mathrm{T}}N^{-1}BQ$$

$$Q_{LW}=QB^{\mathrm{T}}$$

$$Q_{LK}=-QB^{\mathrm{T}}N^{-1}$$

$$Q_{LV}=-QB^{\mathrm{T}}N^{-1}BQ$$

$$Q_{L\hat{L}}=Q(I-QB^{\mathrm{T}}N^{-1}B)^{\mathrm{T}}=Q-QB^{\mathrm{T}}N^{-1}BQ$$

$$Q_{WK}=-BQB^{\mathrm{T}}N^{-1}=-NN^{-1}=-I$$

$$Q_{WV}=-BQB^{\mathrm{T}}N^{-1}BQ=-NN^{-1}BQ=-BQ$$

$$Q_{W\hat{L}}=BQ(I-QB^{\mathrm{T}}N^{-1}B)^{\mathrm{T}}=BQ-BQ=0$$

$$Q_{KV}=N^{-1}BQB^{\mathrm{T}}N^{-1}BQ=N^{-1}BQ$$

$$Q_{K\hat{L}}=-N^{-1}BQ(I-QB^{\mathrm{T}}N^{-1}B)^{\mathrm{T}}=-N^{-1}BQ+N^{-1}BQ=0$$

$$Q_{V\hat{L}}=-QB^{\mathrm{T}}N^{-1}BQ(I-QB^{\mathrm{T}}N^{-1}B)^{\mathrm{T}}=-QB^{\mathrm{T}}N^{-1}BQ+QB^{\mathrm{T}}N^{-1}BQ=0$$

二、水准网条件平差示例

【例 6-4】 如图 5-8 所示的水准网中，A、B、C 为已知高程控制点，$H_A=12.000$ m，$H_B=12.500$ m，$H_C=14.000$ m；高差观测值 $h_1=2.500$ m，$h_2=2.000$ m，$h_3=1.352$ m，$h_4=1.851$ m；各观测路线长 $S_1=1$ km，$S_2=1$ km，$S_3=2$ km，$S_4=1$ km。试按条件平差法求：

(1)各观测高差的平差值 $\hat{h}$。

(2)P_2 点高程平差值的精度 $\hat{\sigma}_{\hat{H}_{P_2}}$。

(3) $P_1\sim P_2$ 点观测高差平差值的精度 $\hat{\sigma}_{\hat{h}_{P_1P_2}}$。

解：(1)计算多余观测数。

本例中有 2 个待定点，故 $t=2$，$r=2$，应列两个线性无关的条件方程。

(2)列条件方程。

列出两个线性无关的平差值条件方程，即

$$\hat{h}_1-\hat{h}_2+H_A-H_B=0$$

$$\hat{h}_2+\hat{h}_3-\hat{h}_4+H_B-H_C=0$$

代入各已知条件，得改正数条件方程：

$$v_1 - v_2 + 0 = 0$$

$$v_2 + v_3 - v_4 + 1 = 0$$

条件方程组的系数阵 **B** 及常数阵 **W** 分别为

$$\boldsymbol{B} = \begin{bmatrix} 1 & -1 & 0 & 0 \\ 0 & 1 & 1 & -1 \end{bmatrix}, \boldsymbol{W} = \begin{bmatrix} 0 \\ 1 \end{bmatrix}$$

(3) P_2 点高程平差值的函数表达式为

$$\varphi_1 = \hat{H}_2 = H_C + \hat{h}_4$$

(4) $P_1 \sim P_2$ 点观测高差平均值 $\hat{h}_{P_1P_2}$ 的函数表达式为

$$\varphi_2 = \hat{h}_{P_1P_2} = \hat{h}_3$$

(5)定权。

令 $C = 1$,即以 1 km 观测高差为单位权观测高差,因 $p_i = \dfrac{C}{S_i}$,且各高差观测值为独立观测值,则各观测值的权阵为对角阵,即

$$\boldsymbol{P} = \begin{bmatrix} 1 & 0 & 0 & 0 \\ 0 & 1 & 0 & 0 \\ 0 & 0 & 0.5 & 0 \\ 0 & 0 & 0 & 1 \end{bmatrix}$$

(6)组成法方程。

$$\begin{bmatrix} 2 & -1 \\ -1 & 4 \end{bmatrix} \begin{bmatrix} k_a \\ k_b \end{bmatrix} + \begin{bmatrix} 0 \\ 1 \end{bmatrix} = \begin{bmatrix} 0 \\ 0 \end{bmatrix}$$

(7)解算法方程。

解算联系数向量 **K**:

$$\boldsymbol{K} = \begin{bmatrix} k_a \\ k_b \end{bmatrix} = \begin{bmatrix} -0.14 \\ -0.29 \end{bmatrix}$$

(8)计算改正数。

根据式(6-16),计算可得

$$\boldsymbol{V} = [-0.14, -0.14, -0.57, 0.29]^{\mathrm{T}} \text{ (单位:mm)}$$

(9)计算各观测高差平差值。

$$\hat{\boldsymbol{L}} = [2.4999, 1.9999, 1.3514, 1.8513] \text{ (单位:m)}$$

代入平差值条件方程检验,结果满足所有的条件方程,计算正确。

(10)计算 P_1、P_2 点高程平差值。

$$\hat{H}_1 = \hat{H}_A + \hat{h}_1 = 14.4999(\mathrm{m})$$

$$\hat{H}_2 = \hat{H}_1 + \hat{h}_3 = 15.8513(\mathrm{m})$$

(11)计算单位权方差及单位权中误差。

$$\hat{\sigma}_0^2 = \frac{\boldsymbol{V}^{\mathrm{T}}\boldsymbol{P}\boldsymbol{V}}{r} = \frac{0.29}{2} = 0.145(\mathrm{mm}^2), \hat{\sigma}_0 = \sqrt{\hat{\sigma}_0^2} = 0.38(\mathrm{mm})$$

(12)计算观测值平差的协因数。

$$Q_{\hat{L}\hat{L}} = Q - QA^{T}N^{-1}AQ = \begin{bmatrix} 0.43 & 0.43 & -0.29 & 0.14 \\ 0.43 & 0.43 & -0.29 & 0.14 \\ -0.29 & -0.29 & 0.86 & 0.57 \\ 0.14 & 0.14 & 0.57 & 0.71 \end{bmatrix}$$

(13)计算 P_2 点高程平差值的中误差 $\hat{\sigma}_{H_{P_2}}$。

由步骤(3),得权函数式系数矩阵为 $f_1^{T} = [0,0,1,0]$,代入式(6-29),有

$$\hat{\sigma}_{P_2} = \hat{\sigma}_0\sqrt{Q_{\varphi_1\varphi_1}} = \hat{\sigma}_0\sqrt{f_1^{T}Q_{\hat{L}\hat{L}}f_1} = 0.38 \times \sqrt{0.71} \approx 0.32(\mathrm{mm})$$

(14)计算 $P_1 \sim P_2$ 点观测高差平差值的精度 $\hat{\sigma}_{\hat{h}_{P_1P_2}}$。

由步骤(4)得权函数式的系数矩阵为 $f_2^{T} = [0,0,1,0]$,代入式(6-29),有

$$\hat{\sigma}_{\hat{h}_{P_1P_2}} = \hat{\sigma}_0\sqrt{Q_{\varphi_2\varphi_2}} = \hat{\sigma}_0\sqrt{f_2^{T}Q_{\hat{L}\hat{L}}f_2} = 0.38 \times \sqrt{0.86} \approx 0.35(\mathrm{mm})$$

此外,计算 P_2 点高程平差值的中误差 $\hat{\sigma}_{\hat{H}_{P_2}}$,还可设 $\varphi_3 = \hat{H}_{P_2} = H_A + \hat{h}_1 + \hat{h}_3$,则权函数式的系数矩阵为 $f_3^{T} = [0,0,1,0]$,依式(6-29),有

$$Q_{\varphi_3\varphi_3} = f_3^{T}Q_{\hat{L}\hat{L}}f_3$$

代入相关计算式,则有

$$Q_{\varphi_3\varphi_3} = 0.71, \hat{\sigma}_{\varphi_3} = 0.38 \times \sqrt{0.71} \approx 0.32(\mathrm{mm})$$

与步骤(13)计算结果相同。

以上计算结果表明:按推算路线不同可有不同的函数关系,其系数矩阵可能不同,但待定点高程平差值精度的计算结果相同。

第七章　附有限制条件的参数平差

在参数平差的数学模型中,要求参数个数为 t 个必要观测数,且选定的参数之间应相互独立,则几何模型可由该 t 个必要观测唯一确定。如果在一个平差问题中除了 t 个必要参数以外,又多选了 s 个参数,此时参数的数量变为 $u(u=t+s)$ 个,显然这 u 个参数之间仅有 t 个参数是相互独立的,而多选的 s 个参数每一个都将和 t 个独立参数形成函数关系(方程),这些方程是参数之间应满足的数学关系,称为参数间限制条件方程。以观测值方程和参数条件方程为基础的平差方法,称为附有限制条件的参数平差法。本章简要介绍附有限制条件的参数平差原理及精度评定,并结合具体算例对该方法的运用进行说明。

第一节　附有限制条件的参数平差原理

在一个平差问题中,如果观测值的总数是 n,必要观测数是 t,则多余观测数 $r=n-t$。参数平差时,如果选择了 u 个参数($u>t$),其中包含了 t 个独立参数,由于 t 个独立参数可唯一确定一个几何模型,故所选参数中,必然存在 $s=u-t$ 个参数是非函数独立的,即所选的 u 个参数中,必然存在 s 个参数间的限制条件(方程)。平差时,列出 n 个观测方程和 s 个限制条件方程,以此为函数模型进行平差的方法就是附有限制条件的参数平差法。

【例 7-1】 如图 7-1 所示的水准网,A、B 为已知点,P_1、P_2 为待定点,观测了 4 个高差,分别为 h_1、h_2、h_3、h_4,若选 P_1、P_2 点高程平差值及 h_1 的平差值 $\hat{h}_1$ 为未知参数,试列出观测方程和限制条件方程。

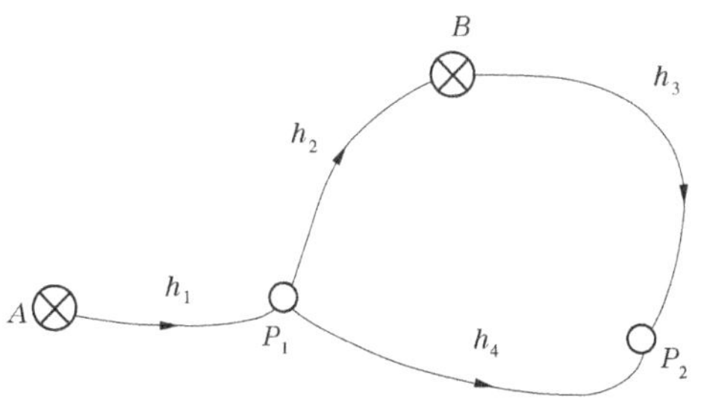

图 7-1　水准网

解: 本例中有两个待定高程点,所以必要观测数 $t=2$,参数平差时,可以选择两个待定点 P_1、P_2 的高程平差值为参数 $\hat{X}_1$, $\hat{X}_2$,它们是相互独立的参数,彼此之间不存在函数关系。但在本例中,除选择 P_1、P_2 的高程平差值作参数外,还选了 $\hat{h}_1$ 为未知参数 $\hat{X}_3$,由于决定该模型的独立未知参数只有 2 个,新增加 1 个未知参数,则参数间必然产生一个限制条件方程,即 3 个未知数之间必然增加一个限制条件。由相应的误差方程和限制条件方程组成的方程组如下:

$$
\begin{cases}
h_1 + v_1 = \hat{X}_3 \\
h_2 + v_2 = -\hat{X}_1 + H_B \\
h_3 + v_3 = \hat{X}_2 - H_B \\
h_4 + v_4 = -\hat{X}_1 + \hat{X}_2 \\
-\hat{X}_1 + \hat{X}_3 + H_A = 0
\end{cases}
$$

其中,前 4 个方程为观测方程,最后一个方程为参数间限制条件方程。

【例 7-2】 已观测图 7-2 中的 4 个角值 $L_1 \sim L_4$,设参数 $\hat{\boldsymbol{X}} = [\hat{X}_1, \hat{X}_2, \hat{X}_3]^{\mathrm{T}} = [\hat{L}_1, \hat{L}_2, \hat{L}_3]^{\mathrm{T}}$。试列出限制条件方程。

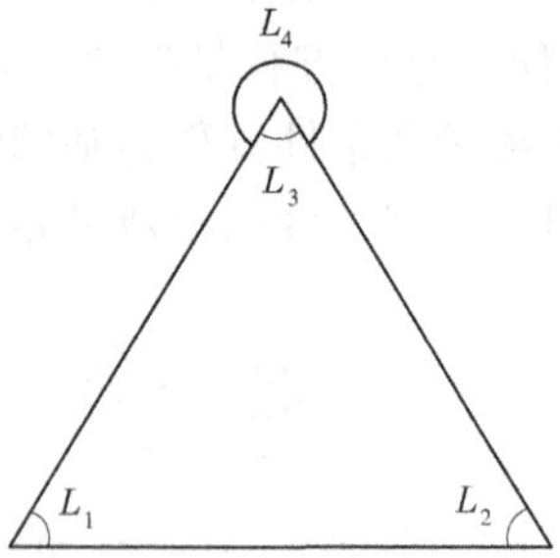

图 7-2　三角形

解:本例中确定三角形形状的必要观测数 $t = 2$,选择的参数个数为 $u = 3$,故参数之间必然存在 $s = 3 - 2 = 1$ 个限制条件,根据三角形内角和条件,限制条件方程形式为

$$\hat{X}_1 + \hat{X}_2 + \hat{X}_3 - 180° = 0$$

同样,在附有限制条件的参数平差函数模型中,误差方程有线性的,也有非线性的。当有非线性误差方程时,应进行泰勒级数展开并舍去平方以上项,将非线性的函数形式进行线性化。在第四章中,已经给出了附有限制条件的参数平差的线性形式的函数模型:

$$
\begin{aligned}
-\underset{n1}{\boldsymbol{\Delta}} &= \underset{nu}{\boldsymbol{A}}\underset{u1}{\tilde{\boldsymbol{x}}} + \underset{n1}{\boldsymbol{l}} \\
\underset{su}{\boldsymbol{B}_x}\underset{u1}{\tilde{\boldsymbol{x}}} &+ \underset{s1}{\boldsymbol{W}_x} = 0
\end{aligned}
\tag{7-1}
$$

用平差值代替式(7-15)中的真值,有

$$
\begin{aligned}
\underset{n1}{\boldsymbol{V}} &= \underset{nu}{\boldsymbol{A}}\underset{u1}{\hat{\boldsymbol{x}}} + \underset{n1}{\boldsymbol{l}} \\
\underset{su}{\boldsymbol{B}_x}\underset{u1}{\hat{\boldsymbol{x}}} &+ \underset{s1}{\boldsymbol{W}_x} = 0
\end{aligned}
\tag{7-2}
$$

其中,$R(\boldsymbol{A}) = u, R(\boldsymbol{B}_x) = s, u < n, s < u$。

随机模型为

$$\boldsymbol{D} = \hat{\sigma}_0^2 \boldsymbol{Q} \tag{7-3}$$

在函数模型中,待求量包括 n 个改正数和 u 个参数,而方程的个数是 $n + s$,因为 $s<u$,故方程的个数小于待求量的个数,需要在无穷多组解中求出满足最小二乘准则 $\boldsymbol{V}^{\mathrm{T}}\boldsymbol{P}\boldsymbol{V} = \min$ 的唯一解。

按数学中求条件极值的方法构造条件极值函数:

$$\boldsymbol{\Phi} = \boldsymbol{V}^{\mathrm{T}}\boldsymbol{P}\boldsymbol{V} + 2\boldsymbol{K}_S^{\mathrm{T}}(\boldsymbol{B}_x\hat{\boldsymbol{x}} + \boldsymbol{W}_x) \tag{7-4}$$

式中：$\boldsymbol{K}_S$ 为对应于 s 个参数间应满足的限制条件方程的联系数向量。由式(7-2)知，$\boldsymbol{V}$ 是 $\hat{\boldsymbol{x}}$ 的显函数，为求 $\boldsymbol{\Phi}$ 的极小值，将其对 $\hat{\boldsymbol{x}}$ 求一阶偏导数并令其为零，则

$$\frac{\partial \boldsymbol{\Phi}}{\partial \hat{\boldsymbol{x}}} = 2\boldsymbol{V}^{\mathrm{T}}\boldsymbol{P}\frac{\partial \boldsymbol{V}}{\partial \hat{\boldsymbol{x}}} + 2\boldsymbol{K}_S^{\mathrm{T}}\boldsymbol{B}_x = 2\boldsymbol{V}^{\mathrm{T}}\boldsymbol{PA} + 2\boldsymbol{K}_S^{\mathrm{T}}\boldsymbol{B}_x = 0 \tag{7-5}$$

转置后得

$$\boldsymbol{A}^{\mathrm{T}}\boldsymbol{PV} + \boldsymbol{B}_x{}^{\mathrm{T}}\boldsymbol{K}_S = 0 \tag{7-6}$$

在式(7-2)、式(7-6)构成的方程组中，方程的个数是 $n + s + u$，待求未知量包括 n 个改正数、s 个联系数和 u 个参数，方程的个数等于未知数的个数，故有唯一解。称由式(7-2)和式(7-6)构成的方程组为附有限制条件的参数平差的基础方程。

解此基础方程，先将改正数方程：

$$\boldsymbol{V} = \boldsymbol{A}\hat{\boldsymbol{x}} + \boldsymbol{l} \tag{7-7}$$

代入式(7-6)，可得

$$\boldsymbol{A}^{\mathrm{T}}\boldsymbol{PA}\hat{\boldsymbol{x}} + \boldsymbol{B}_x{}^{\mathrm{T}}\boldsymbol{K}_S + \boldsymbol{A}^{\mathrm{T}}\boldsymbol{Pl} = 0 \tag{7-8}$$

此外有

$$\boldsymbol{B}_x\hat{\boldsymbol{x}} + \boldsymbol{W}_x = 0 \tag{7-9}$$

在参数平差中，已令

$$\boldsymbol{N} = \boldsymbol{A}^{\mathrm{T}}\boldsymbol{PA},\boldsymbol{U} = \boldsymbol{A}^{\mathrm{T}}\boldsymbol{Pl}$$

故式(7-8)、式(7-9)可写成

$$\boldsymbol{N}\hat{\boldsymbol{x}} + \boldsymbol{B}_x{}^{\mathrm{T}}\boldsymbol{K}_S + \boldsymbol{U} = 0 \tag{7-10}$$

$$\boldsymbol{B}_x\hat{\boldsymbol{x}} + \boldsymbol{W}_x = 0 \tag{7-11}$$

式(7-10)与式(7-11)称为附有限制条件的参数平差的法方程。

用 $\boldsymbol{B}_x\boldsymbol{N}^{-1}$ 左乘式(7-10)并减去式(7-11)，可在法方程中消去 $\hat{\boldsymbol{x}}$，即

$$\boldsymbol{B}_x\boldsymbol{N}^{-1}\boldsymbol{B}_x{}^{\mathrm{T}}\boldsymbol{K}_S + (\boldsymbol{B}_x\boldsymbol{N}^{-1}\boldsymbol{U} - \boldsymbol{W}_x) = 0 \tag{7-12}$$

可以证明，$\boldsymbol{B}_x\boldsymbol{N}^{-1}\boldsymbol{B}_x{}^{\mathrm{T}}$ 是满秩对称矩阵，可求其逆矩阵，则

$$\boldsymbol{K}_S = (\boldsymbol{B}_x\boldsymbol{N}^{-1}\boldsymbol{B}_x{}^{\mathrm{T}})^{-1}(\boldsymbol{W}_x - \boldsymbol{B}_x\boldsymbol{N}^{-1}\boldsymbol{U}) \tag{7-13}$$

将式(7-13)代入式(7-10)，可得

$$\hat{\boldsymbol{x}} = -\boldsymbol{N}^{-1}[\boldsymbol{B}_x{}^{\mathrm{T}}(\boldsymbol{B}_x\boldsymbol{N}^{-1}\boldsymbol{B}_x{}^{\mathrm{T}})^{-1}(\boldsymbol{W}_x - \boldsymbol{B}_x\boldsymbol{N}^{-1}\boldsymbol{U}) + \boldsymbol{U}] \tag{7-14}$$

由式(7-14)解得 $\hat{\boldsymbol{x}}$ 之后，即可代入式(7-7)，求得 $\boldsymbol{V}$，于是可以求出

$$\hat{\boldsymbol{L}} = \boldsymbol{L} + \boldsymbol{V} \tag{7-15}$$

$$\hat{\boldsymbol{X}} = \boldsymbol{X}^0 + \hat{\boldsymbol{x}} \tag{7-16}$$

第二节　精度评定

与前面章节的内容一样，精度评定包括计算单位权方差的估值、推导基本向量的自协因数阵、向量间的互协因数阵以及求参数的平差值的函数的精度。

一、单位权方差估值

单位权方差的估值的大小与平差方法无关，其计算公式为

$$\hat{\sigma}_0^2=\frac{V^{\mathrm{T}}PV}{r}=\frac{V^{\mathrm{T}}PV}{n-t}=\frac{V^{\mathrm{T}}PV}{n-(u-s)} \tag{7-17}$$

式中：r 为多余观测数；$t=u-s$，为必要独立参数的个数。

二、协因数阵

在附有限制条件的参数平差法中，基本向量为 L、U、$\hat{X}$、K_S、V 和 $\hat{L}$。已知 $Q_{LL}=Q$，因 $\hat{X}=X^0+\hat{x}$，$l=L^0-L$，常量对精度没有影响，故 $Q_{\hat{X}\hat{X}}=Q_{\hat{x}\hat{x}}$，$Q_{ll}=Q$。

基本向量的表达式为

$$L=L$$

$$U=-A^{\mathrm{T}}PL+U^0$$

$$\hat{X}=X^0+\hat{x}=X^0-[N^{-1}-N^{-1}B_x^{\mathrm{T}}(B_xN^{-1}B_x^{\mathrm{T}})^{-1}B_xN^{-1}]U-N^{-1}B_x^{\mathrm{T}}(B_xN^{-1}B_x^{\mathrm{T}})^{-1}W_x$$

$$K_S=-(B_xN^{-1}B_x^{\mathrm{T}})^{-1}B_xN^{-1}U+(B_xN^{-1}B_x^{\mathrm{T}})^{-1}W_x$$

$$V=A\hat{x}+l$$

$$\hat{L}=L+V$$

设 $Z^{\mathrm{T}}=[L^{\mathrm{T}}\quad U^{\mathrm{T}}\quad \hat{X}^{\mathrm{T}}\quad K_S^{\mathrm{T}}\quad V^{\mathrm{T}}\quad \hat{L}^{\mathrm{T}}]$，则 Z 的协因数阵为

$$Q_{ZZ}=\begin{bmatrix} Q_{LL} & Q_{LU} & Q_{L\hat{X}} & Q_{LK_S} & Q_{LV} & Q_{L\hat{L}} \\ Q_{UL} & Q_{UU} & Q_{U\hat{X}} & Q_{UK_S} & Q_{UV} & Q_{U\hat{L}} \\ Q_{\hat{X}L} & Q_{\hat{X}U} & Q_{\hat{X}\hat{X}} & Q_{\hat{X}K_S} & Q_{\hat{X}V} & Q_{\hat{X}\hat{L}} \\ Q_{K_SL} & Q_{K_SU} & Q_{K_S\hat{X}} & Q_{K_SK_S} & Q_{K_SV} & Q_{K_S\hat{L}} \\ Q_{VL} & Q_{VU} & Q_{V\hat{X}} & Q_{VK_S} & Q_{VV} & Q_{V\hat{L}} \\ Q_{\hat{L}L} & Q_{\hat{L}U} & Q_{\hat{L}\hat{X}} & Q_{\hat{L}K_S} & Q_{\hat{L}V} & Q_{\hat{L}\hat{L}} \end{bmatrix}$$

Q_{ZZ} 中对角线上的子矩阵为各基本向量的自协因数阵，对角线以外的子矩阵是两向量间的互协因数阵。

由基本向量的表达式，按协因数传播律计算可得任意基本向量的自协因数阵和任意向量间的互协因数阵。

$$Q_{LL}=Q$$

$$Q_{UU}=A^{\mathrm{T}}PQPA=A^{\mathrm{T}}PA=N$$

$$Q_{K_SK_S}=(B_xN^{-1}B_x^{\mathrm{T}})^{-1}B_xN^{-1}Q_{UU}N^{-1}B_x^{\mathrm{T}}(B_xN^{-1}B_x^{\mathrm{T}})^{-1}=(B_xN^{-1}B_x^{\mathrm{T}})^{-1}$$

$$Q_{K_SL}=(B_xN^{-1}B_x^{\mathrm{T}})^{-1}B_xN^{-1}A^{\mathrm{T}}PQ(I)=(B_xN^{-1}B_x^{\mathrm{T}})^{-1}B_xN^{-1}A^{\mathrm{T}}$$

$$Q_{K_SU}=-(B_xN^{-1}B_x^{\mathrm{T}})^{-1}B_xN^{-1}Q_{UU}=-(B_xN^{-1}B_x^{\mathrm{T}})^{-1}B_xN^{-1}N=-(B_xN^{-1}B_x^{\mathrm{T}})^{-1}B_x$$

$$Q_{\hat{X}\hat{X}}=[N^{-1}-N^{-1}B_x^{\mathrm{T}}(B_xN^{-1}B_x^{\mathrm{T}})^{-1}B_xN^{-1}]Q_{UU}[N^{-1}-N^{-1}B_x^{\mathrm{T}}(B_xN^{-1}B_x^{\mathrm{T}})^{-1}B_xN^{-1}]^{\mathrm{T}}$$

$$=N^{-1}-N^{-1}B_x^{\mathrm{T}}(B_xN^{-1}B_x^{\mathrm{T}})^{-1}B_xN^{-1}$$

$$Q_{\hat{X}L}=-[N^{-1}-N^{-1}B_x^{\mathrm{T}}(B_xN^{-1}B_x^{\mathrm{T}})^{-1}B_xN^{-1}]Q_{UL}=Q_{\hat{X}\hat{X}}A^{\mathrm{T}}$$

$$Q_{\hat{X}U}=-[N^{-1}-N^{-1}B_x^{\mathrm{T}}(B_xN^{-1}B_x^{\mathrm{T}})^{-1}B_xN^{-1}]Q_{UU}=-Q_{\hat{X}\hat{X}}N$$

$$Q_{\hat{X}K_S}=-[N^{-1}-N^{-1}B_x^{\mathrm{T}}(B_xN^{-1}B_x^{\mathrm{T}})^{-1}B_xN^{-1}]Q_{UU}[-(B_xN^{-1}B_x^{\mathrm{T}})^{-1}B_xN^{-1}]^{\mathrm{T}}=0$$

$$Q_{VV}=AQ_{\hat{X}\hat{X}}A^{\mathrm{T}}+Q_{L\hat{X}}A^{\mathrm{T}}+AQ_{\hat{X}L}+Q=Q-AQ_{\hat{X}\hat{X}}A^{\mathrm{T}}$$

$$Q_{VL}=AQ_{\hat{X}L}-Q_{LL}=AQ_{\hat{X}\hat{X}}A^{\mathrm{T}}-Q=-Q_{VV}$$

$$Q_{VU}=AQ_{\hat{X}U}-Q_{LU}=A(Q_{\hat{X}\hat{X}}N-I)$$

$$Q_{V\hat{X}}=AQ_{\hat{X}\hat{X}}-Q_{L\hat{X}}=0$$

$$Q_{VK_S}=AQ_{\hat{X}K_S}-Q_{LK_S}=-AN^{-1}B_x^{\mathrm{T}}(B_xN^{-1}B_x^{\mathrm{T}})^{-1}$$

$$Q_{\hat{L}\hat{L}}=Q-Q_{VV}$$

$$Q_{\hat{L}L}=Q_{LL}+Q_{VL}=Q-Q_{VV}$$

$$Q_{\hat{L}U}=-Q_{LU}-Q_{VU}=-AQ_{\hat{X}\hat{X}}N$$

$$Q_{\hat{L}\hat{X}}=Q_{L\hat{X}}+Q_{V\hat{X}}=AQ_{\hat{X}\hat{X}}$$

$$Q_{\hat{L}K_S}=Q_{LK_S}+Q_{VK_S}=0$$

$$Q_{\hat{L}V}=Q_{LV}+Q_{VV}=0$$

三、参数平差值函数的协因数

在附有限制条件的参数平差中，因 u 个参数中包含了 u 个独立参数，故平差中所求的任何一个量都能表达成 u 个参数的函数。设某个量的平差值 φ 为参数向量的函数。

$$\varphi=\Phi(\hat{X}) \tag{7-18}$$

对其进行全微分，得权函数式：

$$d\varphi = (\frac{\partial \Phi}{\partial \hat{X}}) d\hat{X} = \boldsymbol{F}^{T} d\hat{X} \tag{7-19}$$

式中：$\boldsymbol{F}^{T} = \left[\frac{\partial \Phi}{\partial \hat{X}_1}, \frac{\partial \Phi}{\partial \hat{X}_2}, \cdots, \frac{\partial \Phi}{\partial \hat{X}_n}\right]_0$

用近似值 $\boldsymbol{X}^0$ 代入各偏导数中，即得各偏导数值，则可按协因数传播律计算其协因数：

$$Q_{\varphi\varphi} = \boldsymbol{F}^{T} \boldsymbol{Q}_{\hat{X}\hat{X}} \boldsymbol{F} \tag{7-20}$$

平差值函数的中误差为

$$\hat{\sigma} = \hat{\sigma}_0 \sqrt{Q_{\varphi\varphi}} \tag{7-21}$$

第三节　平差实例

【例 7-3】　水准网如图 7-3 所示，已知 A、B 两点的高程 $H_A = 1.00\ \text{m}$、$H_B = 10.00\ \text{m}$，P_1、P_2 为待定点，等精度独立观测了 5 条路线的高差，即 $h_1 = 3.58\ \text{m}$、$h_2 = 5.40\ \text{m}$、$h_3 = 4.11\ \text{m}$、$h_4 = 4.85\ \text{m}$，$h_5 = 0.50\ \text{m}$。设参数 $\hat{\boldsymbol{X}} = [\hat{X}_1, \hat{X}_2, \hat{X}_3]^T = [\hat{h}_1, \hat{h}_5, \hat{h}_4]^T$，试按附有限制条件的参数平差求：

(1) 待定点高程的平差值。

(2) 改正数向量 $\boldsymbol{V}$ 及观测高差的平差值。

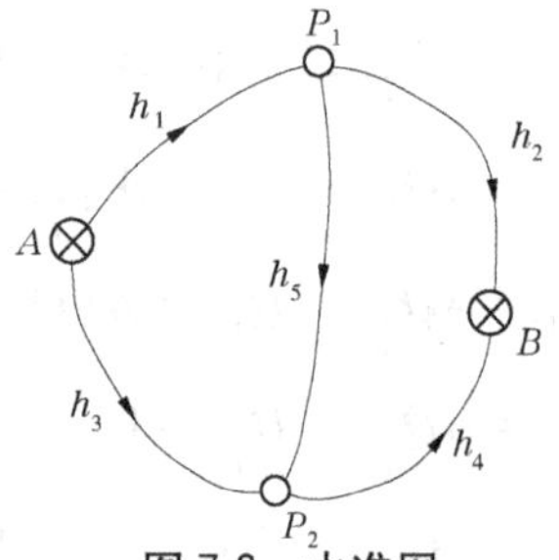

图 7-3　水准网

解：本例中，必要观测数 $t = 2$，选取了 $u = 3$ 个未知参数，限制条件方程数 $s = 1$，总共应列出 $n + s = 5 + 1 = 6$ 个方程。由于各高差是等精度独立观测，可设观测值的权阵为单位阵。

列出观测方程：

$$\begin{aligned}
\hat{L}_1 &= \hat{X}_1 \\
\hat{L}_2 &= -\hat{X}_1 - H_A + H_B \\
\hat{L}_3 &= \hat{X}_1 + \hat{X}_2 \\
\hat{L}_4 &= \hat{X}_3 \\
\hat{L}_5 &= \hat{X}_2
\end{aligned}$$

列出参数间限制条件方程：

$$\hat{X}_1 + \hat{X}_2 + \hat{X}_3 + (H_A - H_B) = 0$$

取参数的近似值 $\boldsymbol{X}^0 = [X_1^0, X_2^0, X_3^0]^T = [h_1, h_5, h_4]^T = [3.58, 0.50, 4.85]^T(\text{m})$，将观测值代入上面各方程式，得到误差方程和限制条件方程：

$$v_1 = \hat{x}_1$$

$$v_2 = -\hat{x}_1 + 2$$

$$v_3 = \hat{x}_1 + \hat{x}_2 - 3$$

$$v_4 = \hat{x}_3$$

$$v_5 = \hat{x}_2$$

$$\hat{x}_1 + \hat{x}_2 + \hat{x}_3 - 7 = 0$$

根据上述方程,可得到相应的系数矩阵和常数项矩阵:

$$\boldsymbol{A} = \begin{bmatrix} 1 & 0 & 0 \\ -1 & 0 & 0 \\ 1 & 1 & 0 \\ 0 & 0 & 1 \\ 0 & 1 & 0 \end{bmatrix}, \boldsymbol{l} = \begin{bmatrix} 0 \\ 2 \\ -3 \\ 0 \\ 0 \end{bmatrix}, \boldsymbol{B}_x = [1, \quad 1, \quad 1], \boldsymbol{W}_X = (-7)$$

根据式(7-10)、式(7-11)可得到法方程,即

$$\begin{bmatrix} 3 & 1 & 0 & 1 \\ 1 & 2 & 0 & 1 \\ 0 & 0 & 1 & 1 \\ 1 & 1 & 1 & 0 \end{bmatrix} \begin{bmatrix} \hat{x}_1 \\ \hat{x}_2 \\ \hat{x}_3 \\ k \end{bmatrix} = \begin{bmatrix} 5 \\ 3 \\ 0 \\ 7 \end{bmatrix}$$

解法方程,即可求得参数改正数 $\hat{x}$ 及联系数 k 。

$$\hat{x}_1 = 2 \text{ cm}, \hat{x}_2 = 2 \text{ cm}, \hat{x}_3 = 3 \text{ cm}, k = -3$$

代入误差方程,得观测值改正数:

$$v_1 = 2 \text{ cm}, v_2 = 0 \text{ cm}, v_3 = 1 \text{ cm}, v_4 = 3 \text{ cm}, v_5 = 2 \text{ cm}$$

代入观测值的平差值表达式 $\hat{h}_i = h_i + v_i$,即可得各观测高差平差值:

$$\hat{h}_1 = 3.60 \text{ m}, \hat{h}_2 = 5.40 \text{ m}, \hat{h}_3 = 4.12 \text{ m}, \hat{h}_4 = 4.88 \text{ m}, \hat{h}_5 = 0.52 \text{ m}$$

则待定点高程:

$$H_{P_1} = H_A + \hat{h}_1 = 4.60(\text{m})$$

$$H_{P_2} = H_A + \hat{h}_1 + \hat{h}_5 = 5.12(\text{m})$$

【例 7-4】 矩形如图 7-4 所示,已知一对角线长 $L_0 = 59.00$ cm(无误差),同精度观测了矩形的边长,其 $L_1 = 50.83$ cm, $L_2 = 30.24$ cm,设参数 $\hat{\boldsymbol{X}} = [\hat{X}_1, \hat{X}_2]^{\mathrm{T}} = [\hat{L}_1, \hat{L}_2]^{\mathrm{T}}$,试按附有限制条件的参数平差求:

(1)误差方程及限制条件。

(2)L_1、L_2 的平差值及中误差。

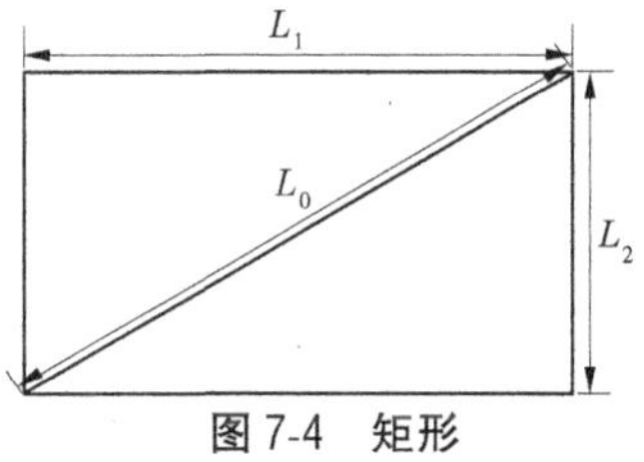

图 7-4　矩形

(3)矩形面积平差值 $\hat{S}$ 及其中误差 $\hat{\sigma}_{\hat{S}}$。

解：确定一个矩形的面积，由于已知一条对角线长是无误差的，故只需要知道观测矩形的长和宽之一就可以了，因此必要观测数 $t=1$，这里选择了两个未知数，即 $u=2$，分别对应矩形的长和宽观测值的平差值，故存在 $s(s=u-t=1)$ 个限制条件。由于是等精度独立观测，可设置观测值的权阵为单位阵。

列出观测方程：

$$\hat{L}_1=\hat{X}_1$$

$$\hat{L}_2=\hat{X}_2$$

列出限制条件方程：

$$\hat{X}_1^2+\hat{X}_2^2-L_0^2=0$$

将限制条件方程线性化，并取参数的近似值为对应的观测值，得到改正数方程和限制条件方程：

$$v_1=\hat{x}_1$$

$$v_2=\hat{x}_2$$

$$\hat{x}_1+0.594\,9\hat{x}_2+0.168\,7=0$$

相应的系数矩阵和常数项矩阵为

$$\boldsymbol{A}=\begin{bmatrix}1&0\\0&1\end{bmatrix},\boldsymbol{l}=\begin{bmatrix}0\\0\end{bmatrix},\boldsymbol{B}_x=[1,0.594\,9],\boldsymbol{W}_x=[0.168\,7]$$

根据式(7-10)、式(7-11)得法方程：

$$\begin{bmatrix}1&0&1\\0&1&0.594\,9\\1&0.594\,9&0\end{bmatrix}\begin{bmatrix}\hat{x}_1\\\hat{x}_2\\k\end{bmatrix}=\begin{bmatrix}0\\0\\-0.168\,7\end{bmatrix}$$

解法方程，即可求得参数 $\hat{x}$ 及联系数 k：

$$\hat{x}_1=-0.124\,6\text{ cm},\hat{x}_2=-0.074\,1\text{ cm},k=0.124\,6$$

代入误差方程，即可得观测值改正数：

$$v_1=-0.124\,6\text{ cm},v_2=-0.074\,1\text{ cm}$$

由观测值改正数即可计算单位权中误差：

$$\hat{\sigma}_0=\sqrt{\frac{[pvv]}{r}}=\sqrt{\frac{0.021}{2-1}}=0.145(\text{cm})$$

代入观测值平差值表达式 $\hat{L}_i=L_i+v_i$，即可得各观测边长平差值：

$$\hat{L}_1=50.705\,4\text{ cm},\hat{L}_2=30.165\,9\text{ cm}$$

由 $\boldsymbol{Q}_{\hat{X}\hat{X}}=\boldsymbol{N}^{-1}-\boldsymbol{N}^{-1}\boldsymbol{B}_x^{\mathrm{T}}(\boldsymbol{B}_x\boldsymbol{N}^{-1}\boldsymbol{B}_x^{\mathrm{T}})^{-1}\boldsymbol{B}_x\boldsymbol{N}^{-1},\boldsymbol{N}=\boldsymbol{A}^{\mathrm{T}}\boldsymbol{P}\boldsymbol{A}$ 得

$$\boldsymbol{Q}_{\hat{X}\hat{X}}=\begin{bmatrix}0.2614 & -0.4394\\-0.4394 & 0.7386\end{bmatrix}$$

所以，L_1、L_2 的平差值 $\hat{L}_1$、$\hat{L}_2$ 的中误差分别为

$$\hat{\sigma}_{\hat{L}_1}=\hat{\sigma}_0\sqrt{Q_{\hat{X}_1\hat{X}_1}}=0.145\times\sqrt{0.2614}=0.0741(\mathrm{cm})$$

$$\hat{\sigma}_{\hat{L}_2}=\hat{\sigma}_0\sqrt{Q_{\hat{X}_2\hat{X}_2}}=0.145\times\sqrt{0.7386}=0.1246(\mathrm{cm})$$

矩形面积的计算公式为

$$S=\hat{L}_1\times\hat{L}_2$$

其线性化后的权函数式是

$$\mathrm{d}S=\hat{L}_2\mathrm{d}\hat{L}_1+\hat{L}_1\mathrm{d}\hat{L}_2$$

将观测值的平差值代入，即有

$$\mathrm{d}S=30.1659\mathrm{d}\hat{L}_1+50.7054\mathrm{d}\hat{L}_2$$

按协因数传播律，有

$$Q_{SS}=[30.1659,\quad 50.7054]\boldsymbol{Q}_{\hat{X}\hat{X}}[30.1659,\quad 50.7054]^{\mathrm{T}}=792.6683$$

面积的中误差为

$$\hat{\sigma}_S=\hat{\sigma}_0\sqrt{Q_{SS}}=0.145\times\sqrt{792.6683}\approx 4.08(\mathrm{cm}^2)$$

代入相关数据，矩形面积及其中误差可表达为

$$S=1529.57\pm 4.08(\mathrm{cm}^2)$$

可以从数理统计角度理解这样的表达式，即矩形面积 S 的真值将以较大的概率落在 $(1529.57-4.08,1529.57+4.08)\mathrm{cm}^2$ 这样一个区间内。

第八章　附有参数的条件平差

附有参数的条件平差是测量平差4种基本方法之一。本章开始前,通过两个实例说明在条件方程中引入未知参数的意义,在此基础上,介绍附有参数的条件平差原理及精度评定方法,并结合具体实例对该方法的应用进行详细介绍。

第一节　概　述

一个平差问题,如果观测值个数为 n,必要观测数为 t,则多余观测数 $r=n-t$。可以列出的个函数独立的条件方程利用条件平差法求解。若在此基础上,又增选了 u 个独立量 ($0<u<t$) 作为参数参加平差计算,则每增加一个参数,将会形成一个参数和观测值平差值间的条件方程增加,增加 u 个参数,则相应增加 u 个条件方程。以含有参数的条件方程作为平差的函数模型的平差方法,称为附有参数的条件平差法。

【例8-1】　如图8-1所示,在某地形图上有一块矩形的稻田。为了确定该稻田的面积,用卡规量测了该矩形的长和宽分别为 L_1 和 L_2,又用求积仪量测了该矩形的面积为 L_3。若设矩形的面积为未知参数 $\hat{X}$,试列出条件方程。

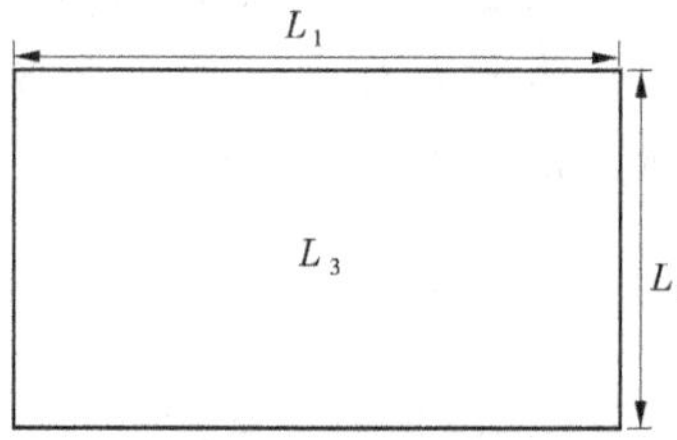

图8-1　矩形稻田

解:先说明如何确定本题中的必要观测数 t 和多余观测数 r。

本例中,获得该矩形面积(以矩形面积为观测对象)的方法有两种:一种是通过观测矩形的长和宽,利用直接观测量的函数关系得到观测对象的大小,这种通过直接观测量的函数关系得到的面积也称为观测对象的间接观测量;另一种是用求积仪测量面积,观测对象的大小就是观测量本身,这种情况下直接观测值又被称为直接观测量。采用第一种方法,即通过观测图形的几何尺寸确定面积时,必须同时测量长和宽两个元素,必要观测数 $t=2$,该例总观测数 $n=3$(包含求积仪所测的1个面积元素),多余观测数 $r=1$($r=n-t=1$)。若采用第二种方法,即用求积仪观测矩形面积,必要观测数 $t=1$(面积元素),总观测数 $n=2$(1个求积仪量测的直接观测量和1个通过两个边长观测值计算的间接观测量),多余观测数 $r=1$($r=n-t=1$),在这种情况下计算总观测数时,仅与间接观测量的个数有关系,而与间接观测量中涉及多少个直接观测元素无关。在本例中,不论哪种,多余观测数都是一致的,即 $r=1$。

由于选定了一个独立的未知参数，即 $u=1$，故条件方程总数 $c=2(c=r+u=1+1=2)$。可列平差值条件方程如下：

$$\hat{L}_1\hat{L}_2-\hat{L}_3=0$$

$$\hat{L}_3-\hat{X}=0$$

【例 8-2】 在如图 8-2 所示的三角网中，A、B 为已知点，又已知 B、D 两点间的距离 S_{BD}，观测了图中的 6 个角度 $L_i(i=1,2,\cdots,6)$。若设 $\angle BAD$ 为未知参数 $\hat{X}$，试列出全部条件方程。

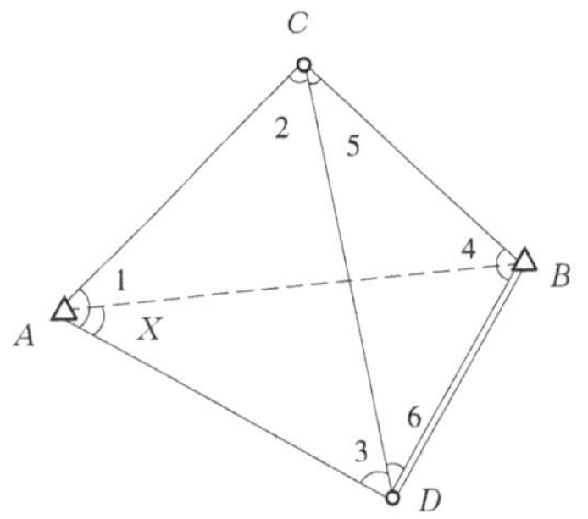

图 8-2　三角网

解：先不考虑选定了未知参数的情况下，对于测角网，网中有 2 个待定点，必要观测数为 4，因网中还有一条已知边长，所以必要观测数 $t=4-1=3$，多余观测数 $r=6-3=3$。按条件平差法应列出 3 个观测值条件方程。可以看到若按条件平差法，该问题中容易列出两个三角形图形条件方程，但第三个条件方程很难列出。

可以将 AB 边用虚线连接起来（在三角网图中通常以虚线表示不能通视的方向），并如图 8-2 所示增设未知参数 $\hat{X}=\angle BAD$，由于增加了一个未知参数，故相应地会增加一个条件方程，条件方程总数变为 $c=r+u=3+1=4$ 个。但此时容易列出 1 个边长条件，即 $S_{AB}\rightarrow S_{BD}$ 和 1 个大地四边形极条件方程。

列出符合要求的一组条件方程（其中以 B 为极点），如下：

$$\hat{L}_1+\hat{L}_2+\hat{L}_3-180°=0$$

$$\hat{L}_4+\hat{L}_5+\hat{L}_6-180°=0$$

$$\frac{S_{AB}\sin\hat{X}}{S_{BD}\sin(\hat{L}_3+\hat{L}_6)}-1=0$$

$$\frac{\sin\hat{L}_5\sin(\hat{L}_3+\hat{L}_6)\sin(\hat{L}_1-\hat{X})}{\sin(\hat{L}_2+\hat{L}_5)\sin\hat{L}_6\sin\hat{X}}-1=0$$

在上述两个实例中都引入了未知参数，但引入未知参数的目的并不相同。第一个实例由于要得到稻田面积，故在条件方程中直接引入了表示该面积的未知参数，在解条件方程时，求出了未知参数，就得到了矩形的面积；第二个实例，则是在列出全部条件方程困难时引入待定参数，使条件方程容易列出。由于引入了待定参数列立条件方程，所以这种平差方法称为附有参数的条件平差。

第二节　附有参数的条件平差原理

附有参数的条件平差的数学模型在第四章第二节已给出，其函数模型为

$$\underset{cn}{B}\underset{n1}{V} + \underset{cu}{B_x}\underset{u1}{\hat{x}} + \underset{c1}{W} = 0 \tag{8-1}$$

其中：

$$W = BL + B_x X^0 + B_0$$

V 为观测值 L 的改正数，$\hat{x}$ 为参数近似值 X^0 的改正数，即

$$\hat{L} = L + V, \hat{X} = X^0 + \hat{x}$$

这里，$c=r+u$，$u<t$，故 $c<n$，系数阵的秩分别为

$$R(B) = c, R(B_x) = u$$

随机模型：

$$\underset{nn}{D} = \sigma_0^2 \underset{nn}{Q} = \sigma_0^2 \underset{nn}{P}^{-1} \tag{8-2}$$

由式(8-1)可知，未知数包括 n 个改正数、u 个参数，未知数总数为 $n+u$，方程的个数为 $c=r+u$，而 $r=n-t<n$，故 $c<n+u$，即方程的个数小于未知数的个数，且其系数矩阵的秩等于其增广矩阵的秩，即 $R(A,B)=R(A,B,\cdots,W)=c$。方程有无穷多组解。按最小二乘原理，应在无穷多组解中求出能使 $V^TPV=\min$ 的一组解。

为了求出式(8-1)中满足 $V^TPV=\min$ 的解，按求条件极值的方法构造极值函数：

$$\Phi = V^TPV - 2K^T(BV + B_x\hat{x} + W)$$

式中：K 为对应于条件方程式(8-1)的 c 维联系数列向量。

为求 Φ 的极小值，将其分别对 V 和 $\hat{x}$ 求一阶导数，并令它们等于 0，即

$$\frac{\partial \Phi}{\partial V} = 2V^TP - 2K^TB = 0$$

$$\frac{\partial \Phi}{\partial \hat{x}} = -2K^TB_x = 0$$

将上面的两个式子分别转置，并简化，有

$$\begin{cases} PV = B^TK \\ B_x^TK = 0 \end{cases} \tag{8-3}$$

依最小二乘准则导出上面两个矩阵方程后，在式(8-1)和式(8-3)合并构成的方程组中，方程的个数为 $c+n+u$，待求的未知数包括 n 个改正数、u 个参数和 c 个联系数。方程组中方程的个数与未知数的个数相等，所以由它们可以求得满足最小二乘条件 $V^TPV=\min$ 的唯一解，称式(8-1)、式(8-3)为附有参数的条件平差的基础方程。

由式(8-3)有：

$$V = P^{-1}B^TK = QB^TK \tag{8-4}$$

式(8-4)称为改正数方程。于是基础方程可表达为

$$\begin{cases} BV + B_x\hat{x} + W = 0 \\ V = P^{-1}B^TK = QB^TK \\ B_x^TK = 0 \end{cases} \tag{8-5}$$

解上述基础方程，先将改正数方程代入条件方程，有

$$\begin{cases} \boldsymbol{BQB}^{\mathrm{T}}\boldsymbol{K} + \boldsymbol{B}_x\hat{\boldsymbol{x}} + \boldsymbol{W} = \boldsymbol{0} \\ \boldsymbol{B}_x^{\mathrm{T}}\boldsymbol{K} = \boldsymbol{0} \end{cases} \tag{8-6}$$

令 $\boldsymbol{N}=\boldsymbol{BQB}^{\mathrm{T}}$,故式(8-6)又可写成:

$$\begin{cases} \boldsymbol{NK} + \boldsymbol{B}_x\hat{\boldsymbol{x}} + \boldsymbol{W} = \boldsymbol{0} \\ \boldsymbol{B}_x^{\mathrm{T}}\boldsymbol{K} = \boldsymbol{0} \end{cases} \tag{8-7a}$$

若将式(8-7a)用矩阵形式表达,则有

$$\begin{bmatrix} \boldsymbol{N} & \boldsymbol{B}_x \\ \boldsymbol{B}_x^{\mathrm{T}} & 0 \end{bmatrix} \begin{bmatrix} \boldsymbol{K} \\ \hat{\boldsymbol{x}} \end{bmatrix} + \begin{bmatrix} \boldsymbol{W} \\ 0 \end{bmatrix} = \begin{bmatrix} 0 \\ 0 \end{bmatrix} \tag{8-7b}$$

式(8-7a)或式(8-7b)称为附有参数的条件平差的法方程。

因 $tr(\boldsymbol{N})=tr(\boldsymbol{BQB}^{\mathrm{T}})=tr(\boldsymbol{B})=c$,且 $\boldsymbol{N}^{\mathrm{T}}=(\boldsymbol{BQB}^{\mathrm{T}})^{\mathrm{T}}=\boldsymbol{BQB}^{\mathrm{T}}=\boldsymbol{N}$,故 $\boldsymbol{N}$ 为 c 阶可逆对称方阵,由法方程第一式可得

$$\boldsymbol{K} = -\boldsymbol{N}^{-1}(\boldsymbol{B}_x\hat{\boldsymbol{x}} + \boldsymbol{W}) \tag{8-8}$$

由法方程消去 $\boldsymbol{K}$,即以 $\boldsymbol{B}^{\mathrm{T}}\boldsymbol{N}^{-1}$ 左乘法方程第一式,然后减去第二式,即有

$$\boldsymbol{B}_x^{\mathrm{T}}\boldsymbol{N}^{-1}\boldsymbol{B}_x\hat{\boldsymbol{x}} + \boldsymbol{B}_x^{\mathrm{T}}\boldsymbol{N}^{-1}\boldsymbol{W} = \boldsymbol{0} \tag{8-9}$$

令

$$\boldsymbol{M} = \boldsymbol{B}_x^{\mathrm{T}}\boldsymbol{N}^{-1}\boldsymbol{B}_x \tag{8-10}$$

则有

$$\boldsymbol{M}\hat{\boldsymbol{x}} + \boldsymbol{B}_x^{\mathrm{T}}\boldsymbol{N}^{-1}\boldsymbol{W} = \boldsymbol{0} \tag{8-11}$$

因 $R(\boldsymbol{M})=R(\boldsymbol{B}_x^{\mathrm{T}}\boldsymbol{N}^{-1})=R(\boldsymbol{B}_x)=u$,易知 $\boldsymbol{M}$ 为 u 阶可逆对称方阵,于是可由式(8-11)解出未知参数 $\hat{\boldsymbol{x}}$:

$$\hat{\boldsymbol{x}} = -\boldsymbol{M}^{-1}\boldsymbol{B}_x^{\mathrm{T}}\boldsymbol{N}^{-1}\boldsymbol{W} \tag{8-12}$$

在实际计算时,由式(8-12)计算 $\hat{\boldsymbol{x}}$,代入式(8-8)计算联系数 $\boldsymbol{K}$,将 $\boldsymbol{K}$ 代入式(8-4)计算观测值改正数 $\boldsymbol{V}$,最后可计算观测值及参数平差值:

$$\hat{\boldsymbol{L}} = \boldsymbol{L} + \boldsymbol{V} \tag{8-13}$$

$$\hat{\boldsymbol{X}} = \boldsymbol{X}^0 + \hat{\boldsymbol{x}} \tag{8-14}$$

由于求联系数 $\boldsymbol{K}$ 不是平差的目的,可将式(8-8)直接代入式(8-4),直接解出改正数向量 $\boldsymbol{V}$:

$$\boldsymbol{V} = \boldsymbol{P}^{-1}\boldsymbol{B}^{\mathrm{T}}\boldsymbol{K} = -\boldsymbol{QB}^{\mathrm{T}}\boldsymbol{N}^{-1}(\boldsymbol{B}_x\hat{\boldsymbol{x}} + \boldsymbol{W}) \tag{8-15}$$

即在算出参数改正数 $\hat{\boldsymbol{x}}$ 后,可以直接算出观测值改正数 $\boldsymbol{V}$。

第三节　精度评定

一、单位权方差

与条件平差法一样,单位权方差的估值的计算公式是:

$$\hat{\sigma}_0^2=\frac{\boldsymbol{V}^{\mathrm{T}}\boldsymbol{PV}}{r}=\frac{\boldsymbol{V}^{\mathrm{T}}\boldsymbol{PV}}{c-u} \tag{8-16}$$

单位权方差的大小与平差方法的类别无关。

二、协因数阵的计算公式

在附有参数的条件平差中，基本向量为$\boldsymbol{L}$、$\boldsymbol{W}$、$\hat{\boldsymbol{X}}$、$\boldsymbol{K}$、$\boldsymbol{V}$、$\hat{\boldsymbol{L}}$，它们都可以表达成观测值向量$\boldsymbol{L}$的函数，运用协方差传播律，可以推导出基本向量的协因数阵及基本向量间的互协因数阵。

关于闭合差$\boldsymbol{W}$的表达式，对于线性模型，由式(4-37)有

$$\boldsymbol{W}=\boldsymbol{BL}+\boldsymbol{B}_x\boldsymbol{X}^0+\boldsymbol{B}_0 \tag{8-17}$$

如为非线性模型，则由式(4-56)知：

$$\boldsymbol{W}=F(\boldsymbol{X}^0,\boldsymbol{L}) \tag{8-18}$$

将其线性化，由$\mathrm{d}W=B\mathrm{d}L$可得与线性模型等效的协因数计算式，下面给出以线性模型的表达式推导的协因数阵和互协因数阵表达式。

附有参数的条件平差中各基本向量用$\boldsymbol{L}$表达的函数关系式为

$$\begin{aligned}
&\boldsymbol{L}=\boldsymbol{L}\\
&\boldsymbol{W}=\boldsymbol{BL}+\boldsymbol{W}^0\\
&\hat{\boldsymbol{X}}=\boldsymbol{X}^0+\hat{\boldsymbol{x}}=\boldsymbol{X}^0-\boldsymbol{M}^{-1}\boldsymbol{B}_x^{\mathrm{T}}\boldsymbol{N}^{-1}\boldsymbol{W}=-\boldsymbol{M}^{-1}\boldsymbol{B}_x^{\mathrm{T}}\boldsymbol{N}^{-1}\boldsymbol{BL}+\hat{\boldsymbol{X}}^0\\
&\boldsymbol{K}=-\boldsymbol{N}^{-1}\boldsymbol{W}-\boldsymbol{N}^{-1}\boldsymbol{B}_x\hat{\boldsymbol{x}}=(\boldsymbol{N}^{-1}\boldsymbol{B}_x\boldsymbol{M}^{-1}\boldsymbol{B}_x^{\mathrm{T}}\boldsymbol{N}^{-1}\boldsymbol{B}-\boldsymbol{N}^{-1}\boldsymbol{B})\boldsymbol{L}+\boldsymbol{K}^0\\
&\boldsymbol{V}=\boldsymbol{QB}^{\mathrm{T}}\boldsymbol{K}=\boldsymbol{QB}^{\mathrm{T}}(\boldsymbol{N}^{-1}\boldsymbol{B}_x\boldsymbol{M}^{-1}\boldsymbol{B}_x^{\mathrm{T}}\boldsymbol{N}^{-1}\boldsymbol{B}-\boldsymbol{N}^{-1}\boldsymbol{B})\boldsymbol{L}+\boldsymbol{V}^0\\
&\hat{\boldsymbol{L}}=\boldsymbol{L}+\boldsymbol{V}=[\boldsymbol{I}+\boldsymbol{QB}^{\mathrm{T}}(\boldsymbol{N}^{-1}\boldsymbol{B}_x\boldsymbol{M}^{-1}\boldsymbol{B}_x^{\mathrm{T}}\boldsymbol{N}^{-1}\boldsymbol{B}-\boldsymbol{N}^{-1}\boldsymbol{B})]\boldsymbol{L}+\hat{\boldsymbol{L}}^0
\end{aligned}$$

式中，由于运用协因数传播律计算协因数时与基本量表达式中的常数项无关，为方便起见，将各变量中与观测值无关的常数项以相应符号的简洁形式表达。如$\boldsymbol{W}$中的常数项$\boldsymbol{BX}^0+\boldsymbol{B}_0$以$\boldsymbol{W}^0$表示，以此类推。

设$\boldsymbol{Z}^{\mathrm{T}}=[\boldsymbol{L}^{\mathrm{T}}\quad \boldsymbol{W}^{\mathrm{T}}\quad \hat{\boldsymbol{X}}^{\mathrm{T}}\quad \boldsymbol{K}^{\mathrm{T}}\quad \boldsymbol{V}^{\mathrm{T}}\quad \hat{\boldsymbol{L}}^{\mathrm{T}}]$，则$\boldsymbol{Z}$的协因数阵为

$$\boldsymbol{Q}_{ZZ}=\begin{bmatrix}
\boldsymbol{Q}_{LL} & \boldsymbol{Q}_{LW} & \boldsymbol{Q}_{L\hat{X}} & \boldsymbol{Q}_{LK} & \boldsymbol{Q}_{LV} & \boldsymbol{Q}_{L\hat{L}}\\
\boldsymbol{Q}_{WL} & \boldsymbol{Q}_{WW} & \boldsymbol{Q}_{W\hat{X}} & \boldsymbol{Q}_{WK} & \boldsymbol{Q}_{WV} & \boldsymbol{Q}_{W\hat{L}}\\
\boldsymbol{Q}_{\hat{X}L} & \boldsymbol{Q}_{\hat{X}W} & \boldsymbol{Q}_{\hat{X}\hat{X}} & \boldsymbol{Q}_{\hat{X}K} & \boldsymbol{Q}_{\hat{X}V} & Q_{\hat{X}\hat{L}}\\
\boldsymbol{Q}_{KL} & \boldsymbol{Q}_{KW} & \boldsymbol{Q}_{K\hat{X}} & \boldsymbol{Q}_{KK} & \boldsymbol{Q}_{KV} & \boldsymbol{Q}_{K\hat{L}}\\
\boldsymbol{Q}_{VL} & \boldsymbol{Q}_{VW} & \boldsymbol{Q}_{V\hat{X}} & \boldsymbol{Q}_{VK} & \boldsymbol{Q}_{VV} & \boldsymbol{Q}_{V\hat{L}}\\
\boldsymbol{Q}_{\hat{L}L} & \boldsymbol{Q}_{\hat{L}W} & \boldsymbol{Q}_{\hat{L}X} & \boldsymbol{Q}_{\hat{L}K} & \boldsymbol{Q}_{\hat{L}V} & \boldsymbol{Q}_{\hat{L}\hat{L}}
\end{bmatrix}$$

对角线上的子矩阵是各基本向量的自协因数阵，对角线以外的子矩阵是两不同向量

间的互协因数阵。

由基本向量的表达式,按协因数传播律,可得

$$
\begin{aligned}
&\boldsymbol{Q}_{LL}=\boldsymbol{Q}\\
&\boldsymbol{Q}_{WW}=\boldsymbol{N}\\
&\boldsymbol{Q}_{\hat{X}\hat{X}}=\boldsymbol{M}^{-1}\\
&\boldsymbol{Q}_{KK}=\boldsymbol{N}^{-1}-\boldsymbol{N}^{-1}\boldsymbol{B}_x\boldsymbol{M}^{-1}\boldsymbol{B}_x^{\mathrm{T}}\boldsymbol{N}^{-1}\\
&\boldsymbol{Q}_{VV}=\boldsymbol{Q}\boldsymbol{B}^{\mathrm{T}}(\boldsymbol{N}^{-1}-\boldsymbol{N}^{-1}\boldsymbol{B}_x\boldsymbol{M}^{-1}\boldsymbol{B}_x^{\mathrm{T}}\boldsymbol{N}^{-1})\boldsymbol{B}\boldsymbol{Q}\\
&\boldsymbol{Q}_{\hat{L}\hat{L}}=\boldsymbol{Q}-\boldsymbol{Q}_{VV}\\
&\boldsymbol{Q}_{LV}=-\boldsymbol{Q}_{VV}\\
&\boldsymbol{Q}_{L\hat{L}}=\boldsymbol{Q}-\boldsymbol{Q}_{VV}\\
&\boldsymbol{Q}_{W\hat{X}}=-\boldsymbol{B}_x\boldsymbol{Q}_{\hat{X}\hat{X}}\\
&\boldsymbol{Q}_{WK}=-\boldsymbol{N}\boldsymbol{Q}_{KK}\\
&\boldsymbol{Q}_{WV}=-\boldsymbol{N}\boldsymbol{Q}_{KK}\boldsymbol{B}\boldsymbol{Q}\\
&\boldsymbol{Q}_{W\hat{L}}=\boldsymbol{B}_x\boldsymbol{Q}_{\hat{X}\hat{X}}\boldsymbol{B}_x^{\mathrm{T}}\boldsymbol{N}_x^{-1}\boldsymbol{B}\boldsymbol{Q}\\
&\boldsymbol{Q}_{\hat{X}K}=\boldsymbol{0}\\
&\boldsymbol{Q}_{\hat{X}V}=\boldsymbol{0}\\
&\boldsymbol{Q}_{\hat{X}\hat{L}}=-\boldsymbol{M}^{-1}\boldsymbol{B}_x^{\mathrm{T}}\boldsymbol{N}^{-1}\boldsymbol{B}\boldsymbol{Q}\\
&\boldsymbol{Q}_{KV}=\boldsymbol{Q}_{KK}\boldsymbol{B}\boldsymbol{Q}\\
&\boldsymbol{Q}_{K\hat{L}}=\boldsymbol{0}\\
&\boldsymbol{Q}_{V\hat{L}}=\boldsymbol{0}
\end{aligned}
$$

【例 8-3】　试由 $\boldsymbol{K}=-\boldsymbol{N}^{-1}\boldsymbol{W}-\boldsymbol{N}^{-1}\boldsymbol{B}_x\hat{\boldsymbol{x}}=(\boldsymbol{N}^{-1}\boldsymbol{B}_x\boldsymbol{M}^{-1}\boldsymbol{B}_x^{\mathrm{T}}\boldsymbol{N}^{-1}\boldsymbol{B}-\boldsymbol{N}^{-1}\boldsymbol{B})\boldsymbol{L}+\boldsymbol{K}^0$,推导 $\boldsymbol{Q}_{KK}$ 的表达形式。

解:根据联系数的表达式,按协方差传播律,有

$$
\begin{aligned}
\boldsymbol{Q}_{KK}&=(\boldsymbol{N}^{-1}\boldsymbol{B}_x\boldsymbol{M}^{-1}\boldsymbol{B}_x^{\mathrm{T}}-\boldsymbol{N}^{-1}\boldsymbol{B}-\boldsymbol{N}^{-1}\boldsymbol{B})\boldsymbol{Q}(\boldsymbol{N}^{-1}\boldsymbol{B}_x\boldsymbol{M}^{-1}\boldsymbol{B}_x^{\mathrm{T}}\boldsymbol{N}^{-1}\boldsymbol{B}-\boldsymbol{N}^{-1}\boldsymbol{B})^{\mathrm{T}}\\
&=\boldsymbol{N}^{-1}\boldsymbol{B}_x\boldsymbol{M}^{-1}\boldsymbol{B}_x^{\mathrm{T}}\boldsymbol{N}^{-1}\boldsymbol{B}\boldsymbol{Q}\boldsymbol{B}^{\mathrm{T}}\boldsymbol{N}^{-1}\boldsymbol{B}_x\boldsymbol{M}^{-1}\boldsymbol{B}_x^{\mathrm{T}}\boldsymbol{N}^{-1}-\boldsymbol{N}^{-1}\boldsymbol{B}_x\boldsymbol{M}^{-1}\boldsymbol{B}_x^{\mathrm{T}}\boldsymbol{N}^{-1}\boldsymbol{B}\boldsymbol{Q}\boldsymbol{B}^{T}\boldsymbol{N}^{-1}\\
&\quad-\boldsymbol{N}^{-1}\boldsymbol{B}\boldsymbol{Q}\boldsymbol{B}^{\mathrm{T}}\boldsymbol{N}^{-1}\boldsymbol{B}_x\boldsymbol{M}^{-1}\boldsymbol{B}_x^{\mathrm{T}}\boldsymbol{N}^{-1}+\boldsymbol{N}^{-1}\boldsymbol{B}\boldsymbol{Q}\boldsymbol{B}^{\mathrm{T}}\boldsymbol{N}^{-1}\\
&=\boldsymbol{N}^{-1}-\boldsymbol{N}^{-1}\boldsymbol{B}_x\boldsymbol{M}^{-1}\boldsymbol{B}_x^{\mathrm{T}}\boldsymbol{N}^{-1}
\end{aligned}
$$

三、观测值的平差值函数的精度

在附有参数的条件平差中,任何待求未知量的平差值都可以表达成观测量的平差值与参数平差值的函数。如条件平差中一样,设待定量的一般函数表达式:

$$\varphi = \Phi(\hat{L},\hat{X}) \tag{8-19}$$

两边取全微分将其线性化，取权函数式：

$$\mathrm{d}\varphi = \frac{\partial\Phi}{\partial\hat{L}}\mathrm{d}\hat{L} + \frac{\partial\Phi}{\partial\hat{X}}\mathrm{d}\hat{X} = \boldsymbol{F}^{\mathrm{T}}\mathrm{d}\hat{L} + \boldsymbol{F}_x^{\mathrm{T}}\mathrm{d}\hat{X} \tag{8-20}$$

式中：

$$\boldsymbol{F}^{\mathrm{T}} = \begin{bmatrix}\frac{\partial\Phi}{\partial\hat{L}_1} & \frac{\partial\Phi}{\partial\hat{L}_2} & \cdots & \frac{\partial\Phi}{\partial\hat{L}_n}\end{bmatrix}_{X^0,L},\boldsymbol{F}_x^{\mathrm{T}} = \begin{bmatrix}\frac{\partial\Phi}{\partial\hat{X}_1} & \frac{\partial\Phi}{\partial\hat{X}_2} & \cdots & \frac{\partial\Phi}{\partial\hat{X}_u}\end{bmatrix}_{X^0,L}$$

按协因数传播律，得 $\boldsymbol{\varphi}$ 的协因数 $\boldsymbol{Q}_{\varphi\varphi}$：

$$\boldsymbol{Q}_{\varphi\varphi} = \boldsymbol{F}^{\mathrm{T}}\boldsymbol{Q}_{\hat{L}\hat{L}}\boldsymbol{F} + \boldsymbol{F}^{\mathrm{T}}\boldsymbol{Q}_{\hat{L}\hat{X}}\boldsymbol{F}_x + \boldsymbol{F}_x^{\mathrm{T}}\boldsymbol{Q}_{\hat{X}\hat{L}}\boldsymbol{F} + \boldsymbol{F}_x^{\mathrm{T}}\boldsymbol{Q}_{\hat{X}\hat{X}}\boldsymbol{F}_x \tag{8-21}$$

式(8-21)中的协因数阵和互协因数阵可在前述推导公式相应项中查找。

第四节　平差实例

一、解题步骤

附有参数的条件平差可按如下步骤进行：

(1)根据平差问题的具体情况，选定 $u(0<u<t)$ 个独立量为未知参数，列出附有参数的条件方程式。方程条件式的个数等于多余观测数与选定的未知参数个数之和，即 $c=r+u$。

(2)定权。根据观测条件，确定观测值的先验权阵 $\boldsymbol{P}$ 或协因数阵 $\boldsymbol{Q}=\boldsymbol{P}^{-1}$。

(3)如果条件方程式是非线性形式，将非线性方程线性化，然后根据条件方程的系数阵 $\boldsymbol{B}$、$\boldsymbol{B}_x$，闭合差 $\boldsymbol{W}$ 以及观测值的协因数阵 $\boldsymbol{Q}$，按式(8-7)组成法方程。

(4)解法方程。按式(8-12)计算参数改正数 $\hat{\boldsymbol{x}}$，代入式(8-15)计算观测值改正数 $\boldsymbol{V}$。

(5)根据式(8-13)、式(8-14)计算观测值及参数的平差值 $\hat{\boldsymbol{L}}$ 和 $\hat{\boldsymbol{X}}$。

(6)计算单位权方差的估值。

(7)按式(8-19)、式(8-21)评定观测值平差值函数的精度。

二、示例

【例 8-4】 如图 8-3 所示的 $\triangle ABC$ 中，同精度观测了 $L_1 \sim L_4$ 4 个角度，现选择 $\angle BAC$ 的平差值为参数 $\hat{X}$，按附有参数的条件平差法，试列出函数模型及法方程。

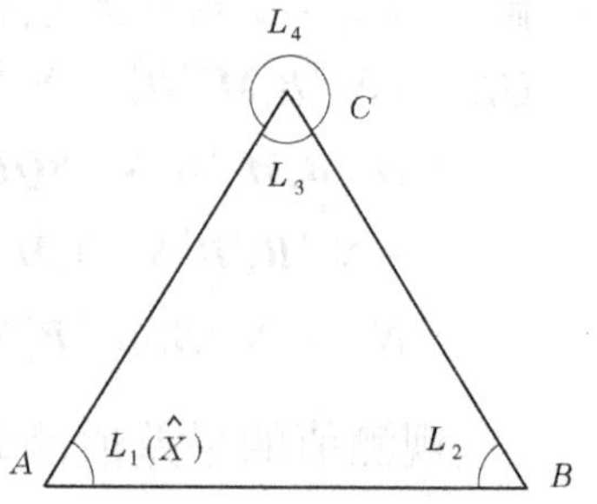

图 8-3　三角形示意

解：(1)计算附有参数的条件平差方程的个数。确定 $\triangle ABC$ 的形状需要观测两个内角，故本例中必要观测数 $t=2$，因为观测值个数 $n=4$，选择参数 $u=1$，故 $r=n-t=2$，则条件方程总数 $c=r+u=3$。

(2)列平差值条件方程。其具体形式如下:

$$\hat{L}_1+\hat{L}_2+\hat{L}_3-180^\circ=0$$

$$\hat{L}_3+\hat{L}_4-360^\circ=0$$

$$\hat{L}_1-\hat{X}=0$$

(3)求改正数条件方程。由 $\hat{L}_i=L_i+v_i$,$\hat{X}=X^0+\hat{x}=L_1+\hat{x}$,将各观测值代入平差值条件方程,有

$$v_1+v_2+v_3+w_a=0$$

$$v_3+v_4+w_b=0$$

$$v_1-\hat{x}+w_c=0$$

其中:

$$w_a=L_1+L_2+L_3-180^\circ$$

$$w_b=L_3+L_4-360^\circ$$

$$w_c=L_1-X^0=0$$

由此得到条件方程系数与常数项矩阵:

$$\boldsymbol{B}=\begin{bmatrix}1&1&1&0\\0&0&1&1\\1&0&0&0\end{bmatrix},\boldsymbol{B}_x=\begin{bmatrix}0\\0\\-1\end{bmatrix},\boldsymbol{W}=\begin{bmatrix}w_a\\w_b\\w_c\end{bmatrix}$$

(4)定权。由于各角度均为等精度独立观测值,可设观测值的权阵为单位阵,即 $\boldsymbol{P}=\boldsymbol{I}=\boldsymbol{Q}$。

(5)组成法方程阵。先根据条件方程系数阵计算:

$$\boldsymbol{N}=\boldsymbol{BQB}^{\mathrm{T}}=\boldsymbol{BB}^{\mathrm{T}}=\begin{bmatrix}3&1&1\\1&2&0\\1&0&1\end{bmatrix}$$

于是,法方程为

$$\begin{bmatrix}3&1&1&0\\1&2&0&0\\1&0&-1&-1\\0&0&-1&0\end{bmatrix}\begin{bmatrix}k_a\\k_b\\k_c\\\hat{x}\end{bmatrix}+\begin{bmatrix}w_a\\w_b\\w_c\\0\end{bmatrix}=\begin{bmatrix}0\\0\\0\\0\end{bmatrix}$$

【例 8-5】　如图 8-4 所示的水准网,已知 A 点高程 $H_A=5.000$ m,P_1、P_2 为待定点,观测高差及路线长度分别为 $h_1=1.365$ m,$S_1=1$ km,$h_2=2.017$ m,$S_2=2$ km,$h_3=3.377$ m,$S_3=2$ km。设 P_1 点高程为未知参数 $\hat{X}$,试按附有参数的条件平差法求 P_1 点高程的平差值、各测段高差平差值。

解:本例中,观测值个数 $n=3$,已知必要观测数 $t=2$,因为选择了一个未知参数 $u=1$,所以条件方程总数 $c=r+u=2$。设 P_1 点的高程为参数 $\hat{X}$,其近似值为 $X^0=H_A+h_1$,另取

$\hat{h}_i(i=1,2,3)$ 的近似值为其观测值。

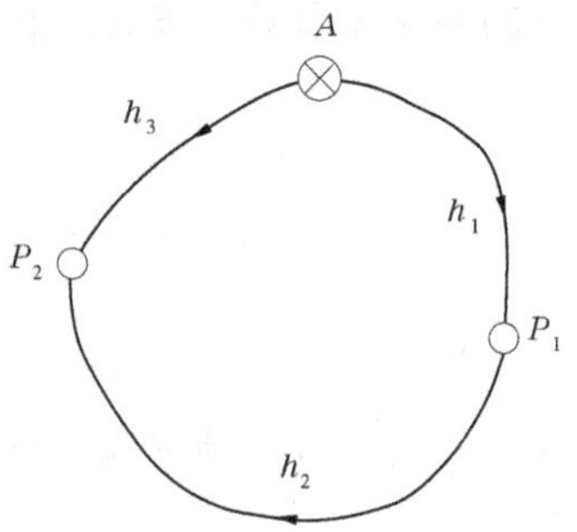

图 8-4 水准网

平差值条件方程为

$$\hat{h}_1+\hat{h}_2-\hat{h}_3=0$$

$$H_A+\hat{h}_1-\hat{X}=0$$

将观测值代入平差值条件方程，得改正数条件方程：

$$v_1+v_2-v_3+5=0$$

$$v_1-\hat{x}=0$$

用矩形方程形式表示为

$$\begin{bmatrix}1 & 1 & -1\\1 & 0 & 0\end{bmatrix}\begin{bmatrix}v_1\\v_2\\v_3\end{bmatrix}+\begin{bmatrix}0\\-1\end{bmatrix}\hat{x}+\begin{bmatrix}5\\0\end{bmatrix}=0$$

定权。令每千米观测高差为单位权观测值，则 $p_i=\dfrac{1}{S_i}$，由于各测量高差不相关，故观测值的权阵与协因数阵为

$$\boldsymbol{P}=\begin{bmatrix}1 & 0 & 0\\0 & 0.5 & 0\\0 & 0 & 0.5\end{bmatrix},\boldsymbol{Q}=\begin{bmatrix}1 & 0 & 0\\0 & 2 & 0\\0 & 0 & 2\end{bmatrix}$$

根据改正数方程的系数阵、常数阵，由式(8-7b)组成法方程：

$$\begin{bmatrix}5 & 1 & 0\\1 & 1 & -1\\0 & -1 & 0\end{bmatrix}\begin{bmatrix}k_a\\k_b\\k_c\end{bmatrix}+\begin{bmatrix}5\\0\\0\end{bmatrix}=\begin{bmatrix}0\\0\\0\end{bmatrix}$$

解法方程，得联系数及未知数：

$$k_a=-1,k_b=0,\hat{x}=-1$$

由式(8-4)计算各测段高差改正数：

$$v_1=1\ \text{mm},v_2=2\ \text{mm},v_3=2\ \text{mm}$$

则 P_1 点高程的平差值为

$$\hat{H}_{p_1}=X^0+\hat{x}=5.000+1.365-0.001=6.364(\text{m})$$

各测段高差平差值为

$$h_1=1.364\ \text{m},h_2=2.015\ \text{m},h_3=3.379\ \text{m}$$

第五节　几种基本平差方法的特点

前面分别介绍了四种基本的平差方法。一般来说，因为所求平差值是对观测量的最优估计，在处理同一平差问题时，不论采用哪一种平差函数模型，平差后的全部结果（包

括任何一个量的平差值和精度)都是相同的。不同的平差方法有其各自的特点,在实际工作中,针对某一个具体平差问题,采用什么平差模型,具有一定灵活性,一般应从列立方程组的难易程度、计算工作量的大小、所要解决问题的性质和要求、计算工具的能力等因素予以综合考虑。下面简要介绍几种基本平差方法的特点:

(1)条件平差法。这是一种不选任何参数的平差方法,通过平差计算,可以直接求得所有观测量的平差值,同时还可以利用单位权方差 $\hat{\sigma}_0^2$ 和观测量的协因数阵 $\boldsymbol{Q}_{\hat{L}\hat{L}}$ 估算观测量及其函数的精度。这是平差计算中最基本的一种方法。

(2) 附有参数的条件平差法。在下列情况下,往往采用附有参数的条件平差法:①需要通过平差能同时求得某些非观测量的平差值和它们的精度;②当只需要部分观测量的平差值和精度时,也可以再将这些量设成参数加入条件方程中,可以不用再列平差值函数;③当某些条件方程式通过观测量难以列出时,则可以适当地设立非观测量为参数,以解决列条件方程式的困难。

(3) 参数平差法。参数平差法的特点是选定 t 个独立的参数,而将每个观测量都表达成这 t 个参数的函数,从法方程中可以直接解算出参数近似值 $\boldsymbol{X}^0$ 的改正数 $\hat{\boldsymbol{x}}$。在实际工作中,如果所需要的最后成果就是参数的平差值和精度,那么采用参数平差法是非常有利的。例如,在水准网或三角网中,需要的最后成果是点的高程或坐标。因此,在水准网中选待定点的高程为参数,在三角网中选待定点的坐标为参数,当平差计算工作结束时就得到了所需要的最后成果。在参数平差精度估计中,还有 $\boldsymbol{Q}_{\hat{X}\hat{X}}=\boldsymbol{N}^{-1}$,即参数的协因数阵等于法方程系数矩阵的逆阵,从该矩阵中可以方便地从对角线上的对应元素求得待定参数的协因数,进而求得待定参数的精度。

(4) 附有限制条件的参数平差法。该平差方法与参数平差法相似,不同之处仅在所选的 u 个参数中 $u > t$,有 s 个参数不独立。

需要说明的是,对于有些平差问题,例如较大规模的三角网等,条件方程式的类型较多,而且有些类型的条件方程形式较为复杂,规律不够明显,因而列条件方程较为困难;另外,有些条件方程列法不唯一,为计算机编程实现自动解算增加了困难;而参数平差法列误差方程的规律性较强,编写计算机程序的工作逻辑清晰,易于实现计算过程的自动化。因此,在实际的平差软件算法中,基本均采用参数平差法和附有限制条件的参数平差法。

第九章　误差椭圆

在基本平差方法的学习中，已经知道怎样求得观测值及其函数的平差值并对其精度进行精度评定，在工程测量中还需要对点位精度进行进一步说明，本章介绍点位真位差、点位中误差的基本概念，说明点位方差、任意方向上位差的计算及位差极值的计算，并对点位误差曲线和误差椭圆进行详细介绍。

第一节　概　述

在测量工作中，为了确定点的平面位置，通常需要进行一系列的观测。受观测条件的限制，观测值中不可避免地带有误差，根据带有误差的观测值，通过平差计算所获得的点的坐标的平差值 $\hat{x}$、$\hat{y}$，是对待定点坐标的真值 $\tilde{x}$、$\tilde{y}$ 的最优估计。

如图 9-1 所示，A 为已知点，假定其坐标是不带误差的数值。$P(\tilde{x}、\tilde{y})$ 为待定点的真位置，$P'(\hat{x}、\hat{y})$ 为平差后得到的点位位置，两者的距离为 ΔP，称为点位真误差，简称真位差。待定点坐标两个分量的真值与平差值之间存在着真误差 Δx、Δy，即

$$\begin{aligned}\Delta x &= \hat{x} - \tilde{x}\\ \Delta y &= \hat{y} - \tilde{y}\end{aligned} \tag{9-1}$$

且有

$$\Delta P^2 = \Delta x^2 + \Delta y^2 \tag{9-2}$$

可以看到，Δx、Δy 为真位差 ΔP 在 x 轴和 y 轴方向上的两个位差分量，也可以理解为真位差在两坐标轴上的投影。设 Δx、Δy 的中误差为 σ_x、σ_y，平差值 $\hat{x}$、$\hat{y}$ 是真值 $\tilde{x}$、$\tilde{y}$ 的无偏估计，对式(9-2)两边取数学期望，容易得到点 P 的真位差 ΔP 的方差为

$$\sigma_P^2 = \sigma_x^2 + \sigma_y^2 \tag{9-3}$$

如果将图 9-1 中的坐标系旋转某一角度，即以 $x'Oy'$ 为坐标系，如图 9-2 所示，容易看出，真位差 ΔP 的大小不受坐标轴的旋转而发生变化，此时：

$$\Delta P^2 = \Delta x'^2 + \Delta y'^2 \tag{9-4}$$

则有

$$\sigma_P^2 = \sigma_x^{2\prime} + \sigma_y^{2\prime} \tag{9-5}$$

这说明，尽管点位真位差 ΔP 在不同坐标系上的两个坐标轴上的投影长度不等，但点位方差总是等于两个相互垂直的方向上的坐标分量方差之和，即与坐标系的选择无关。

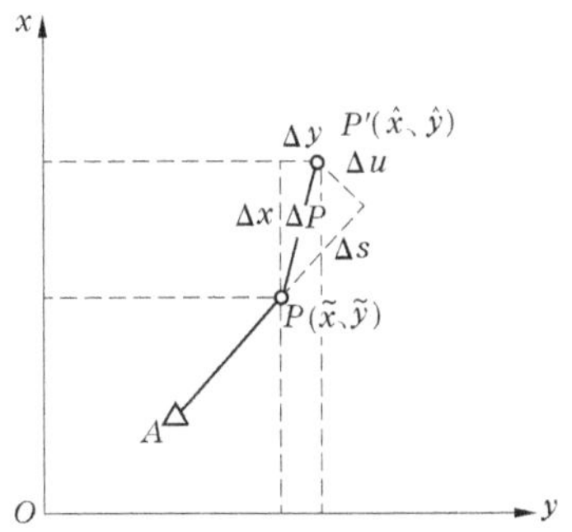

图 9-1　点位真位差

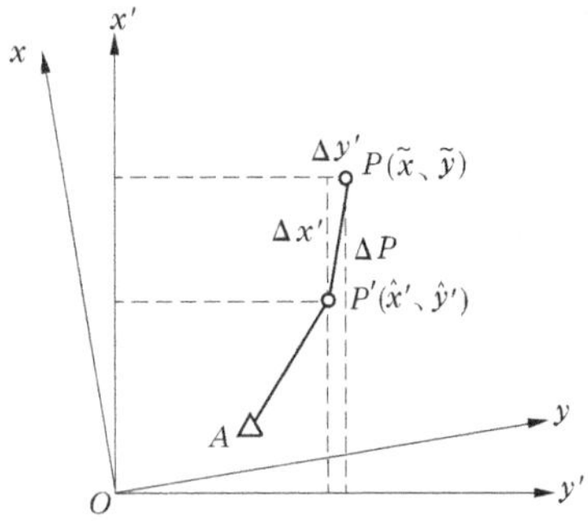

图 9-2　点位真位差与坐标轴旋转无关

如果将点 P 的真位差 ΔP 投影在 AP 方向和垂直于 AP 的方向上，则得到 Δs 和 Δu（见图 9-1），Δs 和 Δu 分别称为点 P 的纵向误差和横向误差，此时有

$$\Delta P^2 = \Delta s^2 + \Delta u^2 \tag{9-6}$$

于是

$$\sigma_P^2 = \sigma_s^2 + \sigma_u^2 \tag{9-7}$$

通过纵、横向误差来求定点位误差，在工程测量中也是一种常用的方法。

上述的 σ_x 和 σ_y 分别为点在 x 轴和 y 轴方向上的中误差，σ_s 和 σ_u 是点在 AP 边纵向和横向上的中误差。为了衡量待定点的精度，一般是求出其点位中误差 σ_P，为此，可求出它在两个相互垂直方向上的中误差，就可以用式(9-3)或式(9-7)计算点位中误差。

从上文的讨论中可以看出，点位中误差 σ_P 虽然可以用来评定待定点的点位精度，但是它却不能代表该点在某一任意方向上的位差大小。在工程测量中往往还需要研究点位在某些特殊方向上的位差大小，此外，还需了解点位在哪一个方向上的位差最大，在哪一个方向上的位差最小。例如，在桥墩施工放样中，需要使与桥梁中轴线垂直方向上的位差最小。为了便于确定待定点的点位在任意方向上的位差的大小，一般是通过求待定点的点位误差椭圆来实现的。通过误差椭圆可以求得待定点在任意方向上的位差，此时可以精确、全面地反映待定点的点位在各个方向上误差的分布情况。

为了书写方便，下面各节内容中以 x、y 表示待定点的平差值 $\hat{x}$、$\hat{y}$。

第二节　点位误差

一、点位方差的计算

待定点的纵、横坐标的方差按式(9-8)计算：

$$\begin{cases} \sigma_x^2 = \dfrac{\sigma_0^2}{P_x} = \sigma_0^2 Q_{xx} \\ \sigma_y^2 = \dfrac{\sigma_0^2}{P_y} = \sigma_0^2 Q_{yy} \end{cases} \tag{9-8}$$

根据式(9-3)可以求得待定点的点位方差：

$$\sigma_P^2 = \sigma_x^2 + \sigma_y^2 = \sigma_0^2(Q_{xx} + Q_{yy}) \tag{9-9}$$

计算待定点的点位方差，只要计算出 Q_{xx}、Q_{yy} 及单位权方差 σ_0^2。三角网参数平差中，当以网中待定点的坐标作为未知参数时，由参数平差精度估计法方程系数阵的逆阵就是参数的协因数阵 $\boldsymbol{Q}_{XX}$。

若平差问题只有一个待定点，则法方程系数阵的逆阵为

$$\boldsymbol{N}^{-1} = \boldsymbol{Q}_{XX} = \begin{bmatrix} Q_{xx} & Q_{xy} \\ Q_{yx} & Q_{yy} \end{bmatrix} \tag{9-10}$$

其中，主对角线上的元素 Q_{xx}、Q_{yy} 就是待定点坐标平差值 x、y 的协因数或权倒数，而 Q_{xy}、Q_{yx} 则是它们之间的互协因数或相关权倒数。

当平差问题中有多个待定点时，例如有 s 个待定点，参数的协因数阵为

$$\boldsymbol{Q}_{XX} = \begin{bmatrix} Q_{x_1x_1} & Q_{x_1y_1} & \cdots & Q_{x_1x_s} & Q_{x_1y_s} \\ Q_{y_1x_1} & Q_{y_1y_1} & \cdots & Q_{y_1x_s} & Q_{y_1y_s} \\ \vdots & \vdots & & \vdots & \vdots \\ Q_{x_sx_1} & Q_{x_sy_1} & \cdots & Q_{x_sx_s} & Q_{x_sy_s} \\ Q_{y_sx_1} & Q_{y_sy_1} & \cdots & Q_{y_sx_s} & Q_{y_sy_s} \end{bmatrix} \tag{9-11}$$

待定点坐标平差值的权倒数是相应的主对角线上的元素，而相关权倒数则在相应权倒数连线的两侧。

二、任意方向 φ 上的位差

为了求得 P 点在某一方向 φ 上的中误差，需先找出待定点 P 在 φ 方向上的真误差与纵、横坐标真误差 Δx、Δy 的函数关系。如图 9-3 所示，已知 P 点在 φ 方向上的位置真误差是 P 点的点位真误差 PP' 在 φ 方向上的投影值 PP'''。

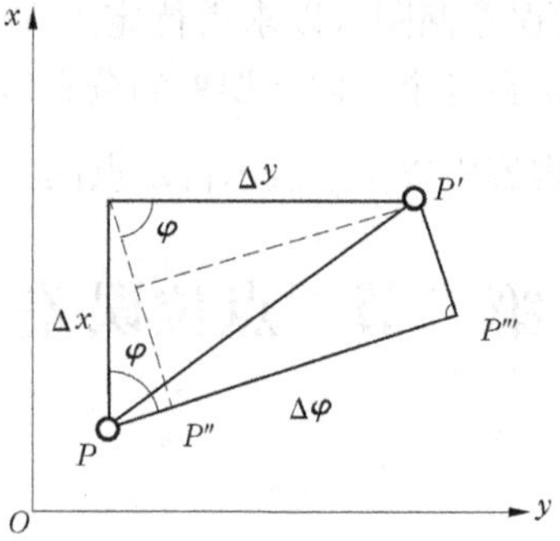

图 9-3 任意方向的真位差

由图 9-3 可以看出，点位真误差 PP' 在 φ 方向上的投影值 $\Delta\varphi$ 与 Δx、Δy 的关系为

$$\Delta\varphi = PP'' + P''P''' = \cos\varphi\Delta x + \sin\varphi\Delta y \tag{9-12}$$

由协因数传播定律有

$$Q_{\varphi\varphi}=[\cos\varphi,\sin\varphi]\begin{bmatrix}Q_{xx} & Q_{xy}\\ Q_{yx} & Q_{yy}\end{bmatrix}\begin{bmatrix}\cos\varphi\\ \sin\varphi\end{bmatrix}=Q_{xx}\cos^2\varphi+Q_{yy}\sin^2\varphi+Q_{xy}\sin2\varphi \tag{9-13}$$

$Q_{\varphi\varphi}$ 为所求方向 φ 上的权倒数,则方向 φ 上的方差为

$$\sigma_\varphi^2=\sigma_0^2Q_{\varphi\varphi}=\sigma_0^2(Q_{xx}\cos^2\varphi+Q_{yy}\sin^2\varphi+Q_{xy}\sin2\varphi) \tag{9-14}$$

此即在给定 φ 方向上的位差的计算公式。单位权方差 σ_0^2 为常数,σ_φ^2 的大小取决于 $Q_{\varphi\varphi}$,而 $Q_{\varphi\varphi}$ 是 φ 的函数。

由式(9-14)可知,与方向 φ 垂直的方向 $\varphi'=\varphi+90°$上的方差为

$$\begin{aligned}\sigma_{\varphi'}^2&=\sigma_0^2Q_{\varphi'\varphi'}=\sigma_0^2(Q_{xx}\cos^2\varphi'+Q_{yy}\sin^2\varphi'+Q_{xy}\sin2\varphi')\\&=\sigma_0^2\{Q_{xx}\cos^2(\varphi+90°)+Q_{yy}\sin^2(\varphi+90°)+Q_{xy}\sin[2(\varphi+90°)]\}\\&=\sigma_0^2(Q_{xx}\cos^2\varphi+Q_{yy}\sin^2\varphi-Q_{xy}\sin2\varphi)\end{aligned} \tag{9-15}$$

另根据式(9-13),有

$$\sigma_\varphi^2+\sigma_{\varphi+90°}^2=\sigma_0^2(Q_{xx}+Q_{yy})=\sigma_P^2 \tag{9-16}$$

式(9-16)表明,待定点 P 的点位方差等于任意两个相互垂直方向上的方差分量之和。

三、位差的极大值 E 和极小值 F

由式(9-14)可知,σ_φ^2 是 φ 的函数,其大小与 φ 的方向值有关,φ 取不同的值,σ_φ^2 也取得不同的值,权倒数 $Q_{\varphi\varphi}$ 的大小也不一样。因为点位方差等于两个相互垂直分量上方差之和,所以在众多相互垂直方向上的一对方差分量中,必有一个方差分量取得极大值,而和极大值方向垂直的方向上的方差分量必为极小值。由式(9-16)可知,极值方差分量所对应的协因数也必为协因数极大值和极小值,分别设它们等于 Q_{EE} 和 Q_{FF},对应的方向分别记为 φ_E 和 φ_F,即位于 φ_E 方向的位差具有极大值,而位于 φ_F 方向的位差具有极小值。显然,φ_E 和 φ_F 两方向互相垂直。

为求 Q_{EE} 和 Q_{FF},可通过式(9-13)利用函数求极值的方法求出,也可以利用协因数阵求特征值的方法求出。计算 Q_{EE} 和 Q_{FF} 的公式是

$$\begin{cases}Q_{EE}=\dfrac{1}{2}(Q_{xx}+Q_{yy}+K)\\[2ex] Q_{FF}=\dfrac{1}{2}(Q_{xx}+Q_{yy}-K)\end{cases} \tag{9-17}$$

由 Q_{EE} 和 Q_{FF} 即可求出位差的极大值 E 和极小值 F:

$$\begin{cases}E^2=\sigma_0^2Q_{EE}=\dfrac{1}{2}\sigma_0^2(Q_{xx}+Q_{yy}+K)\\[2ex] F^2=\sigma_0^2Q_{FF}=\dfrac{1}{2}\sigma_0^2(Q_{xx}+Q_{yy}-K)\end{cases} \tag{9-18}$$

或

$$\begin{cases}E=\sigma_0\sqrt{Q_{EE}}\\ F=\sigma_0\sqrt{Q_{FF}}\end{cases} \tag{9-19}$$

式中：

$$K=\sqrt{(Q_{xx}-Q_{yy})^2+4Q_{xy}^2} \tag{9-20}$$

极大值方向 φ_E 和极小值方向 φ_F 的计算公式是

$$\tan\varphi_E=\frac{Q_{EE}-Q_{xx}}{Q_{xy}}=\frac{Q_{xy}}{Q_{EE}-Q_{yy}} \tag{9-21}$$

$$\tan\varphi_F=\frac{Q_{FF}-Q_{xx}}{Q_{xy}}=\frac{Q_{xy}}{Q_{FF}-Q_{yy}} \tag{9-22}$$

四、用极值 E、F 表示任意方向上的位差

由式(9-13)计算任意方向 φ 上的位差时，φ 是从纵坐标轴 x 按顺时针方向起算的。现导出用 E、F 表示并以 E 轴(以 φ_E 方向为基准)为起算基准的任意方向上的位差，这个任意方向用 ψ 表示，见图 9-4。

以 E 轴和 F 轴为坐标轴，计算任意方向 ψ 的位差，需要找出误差 $\Delta\psi$ 与 ΔE、ΔF 的关系式，再按协因数传播律求得 $Q_{\psi\psi}$。与 $\Delta\varphi$ 和 Δx、Δy 的关系一样，存在：

$$\Delta\psi=\cos\psi\Delta E+\sin\psi\Delta F \tag{9-23}$$

则

$$Q_{\psi\psi}=Q_{EE}\cos^2\psi+Q_{FF}\sin^2\psi+Q_{EF}\sin2\psi \tag{9-24}$$

式中：Q_{EF} 为两个极值方向位差的互协因数。可以证明 $Q_{EF}=0$(见例 9-3)，即在 E、F 方向上的坐标平差值是不相关的。因此，以极值 E、F 表示的任意方向 ψ 的位差公式是

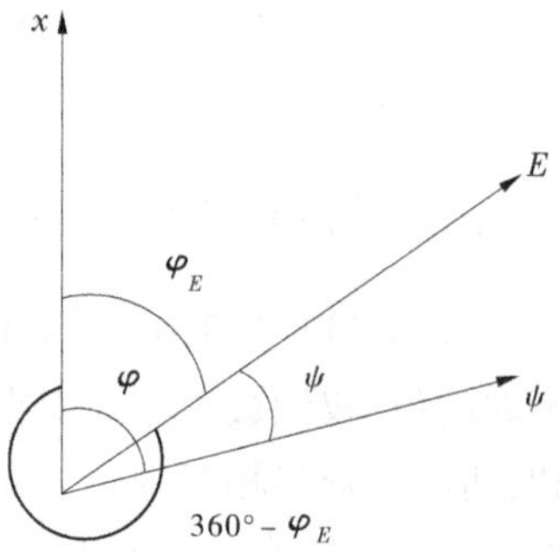

图 9-4　φ_E、ψ 和方位角 φ

$$Q_{\psi\psi}=Q_{EE}\cos^2\psi+Q_{FF}\sin^2\psi \tag{9-25}$$

或

$$\hat{\sigma}_\psi^2=E^2\cos^2\psi+F^2\sin^2\psi \tag{9-26}$$

【例 9-1】　已知某平面控制网经平差后得出待定点 P 的坐标平差值 $\hat{\boldsymbol{X}}=[\hat{X}_P,\hat{Y}_P]^{\mathrm{T}}$ 的协因数阵为

$$\boldsymbol{Q}_{\hat{X}\hat{X}}=\begin{bmatrix}2 & 0.5\\0.5 & 3\end{bmatrix}\quad[\text{单位: dm}^2/('')^2]$$

单位权中误差 $\hat{\sigma}_0=0.5''$，试求 $\varphi=30°$方向上的位差。

解：第一种方法：直接利用式(9-13)、式(9-14)，有

$$\sigma_\varphi^2=\sigma_0^2Q_{\varphi\varphi}=\sigma_0^2(Q_{xx}\cos^2\varphi+Q_{yy}\sin^2\varphi+Q_{xy}\sin2\varphi)$$

将 $\varphi=30°$代入上式，有

$$\sigma_{\hat{\varphi}}^2\approx0.670\,8\ \text{dm}^2$$

$$\Rightarrow\sigma_{\hat{\varphi}}=0.82\ \text{dm}$$

第二种方法：先由式(9-20)计算出 $K=\sqrt{2}$，则按式(9-17)可得

$$Q_{EE}=3.2071,Q_{FF}=1.7929$$

计算 E 的方位角 φ_E。将相关值代入式(9-21),可得 $\varphi_E=67°30'$。

计算以 φ_E 为基准的 ψ 值:

$$\psi=30°-67°30'+360°=322°30'$$

根据式(9-18)、式(9-26),代入相关值,有

$$\sigma_\psi^2=0.6708\ \mathrm{dm}^2=\sigma_{\hat{\varphi}}^2$$

【例 9-2】 已求得某控制网中 P 点误差椭圆参数 $\varphi_E=157°30'$、$E=1.57$ dm、$F=1.02$ dm,控制点 A 为已知点,已知 PA 边坐标方位角 $\varphi_{PA}=217°30'$,$S_{PA}=5$ km。试求 PA 边坐标方位角中误差 $\hat{\sigma}_{\alpha_{PA}}$,以及边长相对中误差$\frac{\hat{\sigma}_{S_{PA}}}{S_{PA}}$。

解:(1)求 PA 边坐标方位角方向上的 ψ_1 角:

$$\psi_1=217°30'-157°30'=60°$$

(2)求 ψ_1 方向上的点位方差及中误差,由式(9-26)有

$$\hat{\sigma}_{\psi_1}^2\approx1.3965(\mathrm{dm}^2),\hat{\sigma}_{\psi_1}=\hat{\sigma}_{S_{PA}}\approx1.1817(\mathrm{dm})$$

(3)求垂直于 PA 边坐标方位角方向上的 ψ_2 角:

$$\psi_2=\psi_1+90°=150°$$

(4)求 ψ_2 方向上的点位方差及中误差:

$$\hat{\sigma}_{\psi_2}^2=2.1088(\mathrm{dm}^2),\hat{\sigma}_{\psi_2}=1.4522(\mathrm{dm})$$

(5)求 PA 边坐标方位角中误差 $\hat{\sigma}_{\alpha_{PA}}$:

$$\hat{\sigma}_{\alpha_{PA}}=\rho''\times\frac{\hat{\sigma}_{\psi_2}}{S_{PA}}=206265\times\frac{1.4522}{50000}=5.99('')$$

(6)求 PA 边的边长相对中误差$\frac{\hat{\sigma}_{S_{PA}}}{S_{PA}}$:

$$\frac{\hat{\sigma}_{S_{PA}}}{S_{PA}}=\frac{1.1817}{50000}\approx\frac{1}{42300}$$

【例 9-3】 试证明 $Q_{EF}=0$。

证:参考图 9-3 及式(9-12),可得如下关系式

$$\begin{cases}\Delta E=\cos\varphi_E\Delta x+\sin\varphi_E\Delta y\\ \Delta F=\cos\varphi_F\Delta x+\sin\varphi_F\Delta y\end{cases}$$

因

$$\cos\varphi_F=\cos(\varphi_E+90°)=-\sin\varphi_E,\sin\varphi_F=\cos\varphi_E$$

则

$$\Delta F=-\sin\varphi_E\Delta x+\cos\varphi_E\Delta y$$

按协因数传播定律,有

$$Q_{EF}=[\cos\varphi_E,\sin\varphi_E]\begin{bmatrix}Q_{xx} & Q_{xy}\\ Q_{yx} & Q_{yy}\end{bmatrix}\begin{bmatrix}-\sin\varphi_E\\ \cos\varphi_E\end{bmatrix}$$

由式(9-21),可得

$$\tan2\varphi_E=\frac{2Q_{xy}}{Q_{xx}-Q_{yy}}=\frac{\sin2\varphi_E}{\cos2\varphi_E}$$

代入协因数表达式,化简可得

$$Q_{EF}=0$$

第三节　误差曲线与误差椭圆

一、误差曲线

如图 9-5 所示,以不同的 ψ 和 σ_ψ,由式(9-26)所描述的点的轨迹为一闭合曲线,该曲线关于 E 轴和 F 轴对称,称之为点位误差曲线(或点位精度曲线)。

利用点位误差曲线可以通过图解方式得到任意方向的位差,显然,任意方向 ψ 上的向径 $\overline{OP}$ 就是该方向的位差 σ_ψ。点位误差曲线在工程测量控制网测设中有重要作用,根据该曲线,可以找出坐标平差值在各个方向上的位差。例如,图 9-6 为控制网中 P 点的点位误差曲线图,图中 A、B 为已知点。由图可以得到:

$$\begin{cases}\sigma_{x_P}=\overline{Pa}\\ \sigma_{y_P}=\overline{Pb}\\ \sigma_{\varphi_E}=\overline{Pc}=E\\ \sigma_{\varphi_F}=\overline{Pd}=F\end{cases}$$

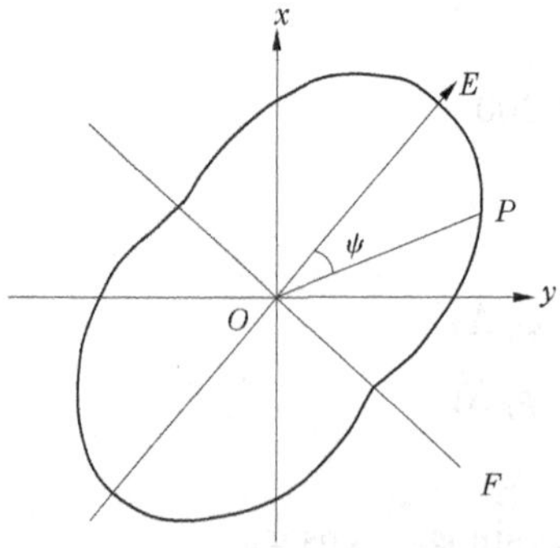

图 9-5　点位误差曲线

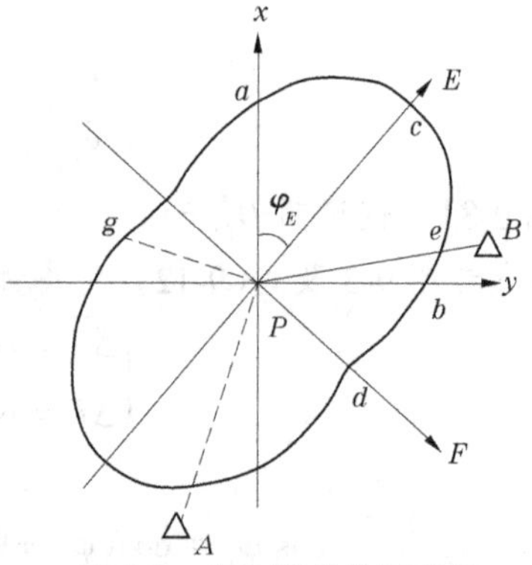

图 9-6　点位误差曲线应用

由点位误差曲线图还可以通过图解得到坐标平差值函数的中误差。例如,P 点相对于 PA 边方向的横向偏差由方位角误差引起,若平差后方位角 α_{PA} 的中误差为 $\sigma_{\alpha_{PA}}$,则可以先从图中量出垂直于 PA 方向上的位差 $\overline{Pg}$,这就是 PA 边的横向误差,于是由下式可求得方位角中误差 $\sigma_{\alpha_{PA}}$。

$$\sigma''_{\alpha_{PA}} = \rho'' \frac{\overline{Pg}}{S_{PA}}$$

式中:S_{PA} 为 PA 的距离。又如,PB 边的边长中误差为

$$\sigma_{S_{PB}} = Pe$$

二、误差椭圆

因为点位误差曲线作图不太方便,因此降低了它的实用价值。但其形状与以 E 、F 为长、短半轴的椭圆很相似,如图 9-7 所示,称此椭圆为点位误差椭圆,φ_E 、E 、F 称为点位误差椭圆的参数,实际应用中常以点位误差椭圆代替点位误差曲线。在点位误差椭圆上可以图解出任意方向 ψ 的位差。其方法是:如图 9-7 所示,自椭圆作 ψ 方向的正交切线 PD ,P 为切点,D 是垂足,可以证明 $\sigma_\psi = \overline{OD}$ 。

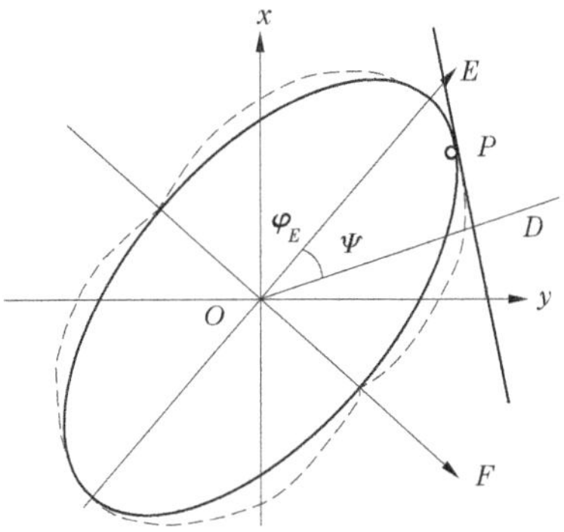

图 9-7　点位误差椭圆

需要指出的是,在以上各节的讨论中,都是以一个待定点为例,说明了如何确定该点点位误差椭圆或点位误差曲线的问题。如果网中有多个待定点,也可以按上述方法,为每一个待定点确定一个点位误差椭圆或点位误差曲线。

若平面控制网平差采用参数平差法,通常以待定点坐标为未知参数,设有 s 个待定点,则有 $2s$ 个坐标未知数,其相应的协因数阵为式(9-11)。为了计算第 i 点点位误差椭圆的元素,需要用到 $Q_{x_ix_i}$,$Q_{y_iy_i}$ 和 $Q_{x_iy_i}$,并按本章第二节中所讲述的方法,分别由式(9-19)和式(9-21)计算出 E_i、F_i 和 φ_{E_i} ,然后作出该点的点位误差椭圆。

上文介绍了如何利用点位误差曲线从图上量出已知点与待定点之间的边长(纵向)中误差,以及与该边垂直的横向中误差,从而求出方位角的中误差。如果网中有多个待定点,则可作出多个点位误差曲线,此时也可利用这些点位误差曲线确定已知点与任一待定点之间的边长中误差或方位角中误差,但不能确定待定点与待定点之间的边长中误差或方位角中误差,这是因为这些待定点的坐标是相关的。要解决这个问题,需要了解任意两个待定点之间的相对误差椭圆的知识。

第四节　相对误差椭圆

在平面控制网中,除需要研究待定点相对已知点的精度情况外,还需要了解任意两个待定点之间相对位置的精度情况。为了确定任意两个待定点之间的相对位置的精度,就需要进一步作出两个待定点之间的相对误差椭圆。

设控制网中的两个待定点为 P_i 及 P_k,这两点的相对位置可通过其坐标差来表示,即

$$\begin{cases}\Delta x_{ik}=x_k-x_i\\ \Delta y_{ik}=y_k-y_i\end{cases}\tag{9-27}$$

根据协因数传播率可得

$$\begin{cases}Q_{\Delta x\Delta x}=Q_{x_kx_k}+Q_{x_ix_i}-2Q_{x_kx_i}\\ Q_{\Delta y\Delta y}=Q_{y_ky_k}+Q_{y_iy_i}-2Q_{y_ky_i}\\ Q_{\Delta x\Delta y}=Q_{x_ky_k}-Q_{x_ky_i}-Q_{x_iy_k}+Q_{x_iy_i}\end{cases}\tag{9-28}$$

可以看出,如果 P_i 及 P_k 两点中有一个点(例如 P_i 点)为不带误差的已知点,则从式(9-28)中可以得

$$Q_{\Delta x\Delta x}=Q_{x_kx_k},Q_{\Delta y\Delta y}=Q_{y_ky_k},Q_{\Delta x\Delta y}=Q_{x_ky_k}\tag{9-29}$$

利用这些协因数,根据式(9-18)和式(9-21)可以得到计算 P_i 与 P_k 点间相对误差椭圆的三个参数的公式:

$$\begin{cases}E^2=\sigma_0^2Q_{EE}=\dfrac{1}{2}\sigma_0^2[Q_{\Delta x\Delta x}+Q_{\Delta y\Delta y}+\sqrt{(Q_{\Delta x\Delta x}-Q_{\Delta y\Delta y})^2+4Q_{\Delta x\Delta y}^2}]\\ F^2=\sigma_0^2Q_{FF}=\dfrac{1}{2}\sigma_0^2[Q_{\Delta x\Delta x}+Q_{\Delta y\Delta y}-\sqrt{(Q_{\Delta x\Delta x}-Q_{\Delta y\Delta y})^2+4Q_{\Delta x\Delta y}^2}]\\ \tan\varphi_E=\dfrac{Q_{EE}-Q_{\Delta x\Delta x}}{Q_{\Delta x\Delta y}}=\dfrac{Q_{\Delta x\Delta y}}{Q_{EE}-Q_{\Delta y\Delta y}}\end{cases}\tag{9-30}$$

相对误差椭圆的绘制方法类似于本章第三节中的方法。二者的不同之处在于:点位误差椭圆一般以待定点中心为极绘制,而相对误差椭圆一般以两个待定点连线的中心为极绘制。

【例 9-4】 在第五章例 5-7 中已算得导线测量中的单位权中误差 $\hat{\sigma}_0=5.0''$,导线点 E、F 的协因数阵为

$$Q_{\hat{X}\hat{X}}=N^{-1}=\begin{bmatrix}0.383&-0.122&0.344&-0.037\\-0.122&1.469&-0.019&0.937\\0.344&-0.019&0.567&-0.052\\-0.037&0.937&-0.052&1.859\end{bmatrix}$$

试求 E、F 两点的误差椭圆及相对误差椭圆。

解:(1)计算 E 点误差椭圆的三个参数。将相关的已知值代入式(9-18)及式(9-21),有

$$E_1^2=37.0634,F_1^2=9.2366,\tan\varphi_1=-9.0126$$

即

$$E_1 = 6.1\ \text{mm}, F_1 = 3.0\ \text{mm}, \varphi_1 = 96°20'$$

(2)计算 F 点误差椭圆的三个参数。同理,将相关的已知值代入式(9-18)及式(9-21),有

$$E_2^2 = 46.527\ 2, F_2^2 = 14.122\ 8, \tan\varphi_2 = -24.886\ 3$$

即

$$E_2 = 6.8\ \text{mm}, F_2 = 3.8\ \text{mm}, \varphi_2 = 92°18'$$

(3)计算 E、F 两点相对误差椭圆的三个参数。根据式(9-28),代入相应的已知值,可计算出:

$$Q_{\Delta x\Delta x} = 0.262, Q_{\Delta y\Delta y} = 1.454, Q_{\Delta x\Delta y} = -0.118$$

将相关的计算值代入式(9-30),有

$$E_{12}^2 = 36.639\ 2, F_{12}^2 = 6.260\ 8, \tan\varphi_{12} = -10.199\ 7$$

即

$$E_{12} = 6.1\ \text{mm}, F_{12} = 2.5\ \text{mm}, \varphi_{12} = 95°36'$$

根据以上数据即可绘出 E、F 点的点位误差椭圆及 E、F 点间的相对误差椭圆。

在测量工作中,特别是在精度要求较高的工程测量中,往往利用点位误差椭圆对布网方案进行精度分析。因为在确定点位误差椭圆要素的3个元素 φ_E、E、F 时,除单位权中误差 σ_0 外,只需要知道各个协因数 Q_{ij} 的大小。采用参数平差法时,协因数阵 $\boldsymbol{Q}_{XX}$ 是法方程系数阵的逆阵,即 $\boldsymbol{Q}_{XX} = (\boldsymbol{A}^{\mathrm{T}}\boldsymbol{P}\boldsymbol{A})^{-1}$。在适当的比例尺的地形图上设计了控制网的点位后,可以从图上量取各边的边长和方位角的概略值,根据这些数据,可以算出误差方程的系数,而观测值的权则可以根据需要事先加以确定,因此可以求出该网的协因数阵 $\boldsymbol{Q}_{XX}$。另外,根据设计中所拟定的观测仪器精度来确定单位权中误差的大小,这样就可以估算出 φ_E、E、F 等数值了。如果估算的结果符合工程建设对控制网所提出的要求,则可认为该设计方案是可行的;否则,可以改变设计方案,重新估算,最终达到预期的精度要求。有时也可以根据不同设计方案的精度要求,同时考虑各种因素,例如建网的费用、施测时间的长短、布网的难易程度等,在满足精度要求的前提下,从中选择最优的布网方案。

参考文献

[1] 武汉大学测绘学院测量平差学科组. 误差理论与测量平差基础[M]. 3 版. 武汉:武汉大学出版社,2014.

[2] 隋立芬,宋力杰,柴洪州,等. 误差理论与测量平差基础[M]. 2 版. 北京:测绘出版社,2016.

[3] 盛骤,谢式千,潘承毅. 概率论与数理统计[M]. 4 版. 北京:高等教育出版社,2008.

[4] 史蒂文 J. 利昂. 线性代数[M]. 9 版. 张文博,张丽静,译. 北京:机械工业出版社,2019.

[5] 於宗俦,于正林. 测量平差原理[M]. 武汉:武汉测绘科技大学出版社,1990.

[6] 同济大学数学科学学院. 高等数学[M]. 8 版. 北京:高等教育出版社,2023.

[7] 同济大学数学系. 工程数学:线性代数[M]. 5 版. 北京:高等教育出版社,2007.

[8] 武汉大学测绘学院测量平差学科组. 误差理论与测量平差基础习题集[M]. 武汉:武汉大学出版社, 2005.

[9] 王勇智. 测量平差习题集[M]. 北京:中国电力出版社,2007.

[10] 郭际明,史俊波,孔祥元,等. 大地测量学基础[M]. 3 版. 武汉:武汉大学出版社,2021.

[11] 孔祥元,郭际明. 控制测量学(下册)[M]. 4 版. 武汉:武汉大学出版社,2015.

[12] 求是科技. MATLAB7. 0 从入门到精通[M]. 北京:人民邮电出版社,2006.

[13] 王岩,隋思涟,王爱青. 数理统计与 MATLAB 工程数据分析[M]. 北京:清华大学出版社,2006.

[14] 周建郑. 工程测量[M]. 2 版. 郑州:黄河水利出版社,2010.

[15] 赵玉肖,布亚芳. 工程测量[M]. 北京:北京理工大学出版社,2012.

[16] 潘正风,程效军,成枢,等. 数字测图原理与方法[M]. 2 版. 武汉:武汉大学出版社,2009.

[17] 陈本富,张本平,邹自力,等. 测量平差[M]. 2 版. 郑州:黄河水利出版社,2019